花园时光

GARDEN TIME 第1辑

韬祺文化 编

中国林业出版社

SV-724A
CUSHMAN

Editor's Letter

卷首语

心中的花园

每个人心中都有一个属于自己的花园，无论这个花园是实体的，还是虚幻的，我一直相信。所以，执着了很多年，想去实现一个梦想，就是拥有一个能让所有想拥有花园的人共享的花园，这个花园终于呈现在眼前，就是这本书——《花园时光》。

称其为花园，是因为这里真是一个花园，有室内的，有室外的。在有你我的地方，有花草树木的地方，无论它是奢华的，还是简朴的，它就是花园，是心灵休憩的驿站，是繁忙生活中偶尔使用的休止符。

它还是一段时光，是一段闲暇的时光，我想你捧着它在阳光满屋的书斋，或是公园里绿荫下的座椅上，让身心放松一会儿，看看上面的花、草、树木以及一些养花的心得，在悄然而过的时光中，拥有属于自己的美好。

《花园时光》，其实不仅仅是传递有关花园的信息和知识，更是一种生活方式和态度的呈现：在节奏快而浮躁的都市钢筋丛林中，通过与花花草草对话，换得“采菊东篱下、悠然见南山”的舒心和闲适。无论是拥有百多平米的室外花园，还是在只有几十平米面积的蜗居之中，甚至只是桌上的方寸之间，我们都可以拥有属于自己的花园，只要你喜欢，只要你用心，花园随处可在。你的花园可以是时尚的，也可能是质朴的，在这个变幻万千的世界中，只要保持自己的风格其实就是最美的。

《花园时光》想与您共享的是一种理念以及对花园的感触，透过它，您可以与花草树木有心灵的对话，在感受四季轮回的美景变化中，对生活有更加深睿的认识，并且能乐享其中。

在《花园时光》中，我们将邀您一同“环球观园”，即使足不出户，也能让您身临其境，体验世界各地不同风格花园的经典之美；我们还会请来设计大师，讲解和剖析“名家名园”案例，面对面地与您交流，为您构筑自己的花园提供灵感和思路；而“我家有院”栏目中，通过欣赏发烧友的花园，听他们讲述打理花园的经验和心得，您的花园梦想会变得触手可及；当然，即使您没有院子也无妨，“居室园艺”会教您如何将居室变成室内花园；还有“园丁手册”，告诉您如何成为一位优秀的园丁，维护、打理好自己的花园；除此之外，我们还为您备好了各式花园美食，有自己种植的无公害瓜果蔬菜，有烤肉啤酒，还有可入馔的香草和鲜花，让您成为一位环保又Fashion的“花园食客”。

这本《花园时光》是第一辑，它或许青涩，有些稚嫩，但它毕竟出现和存在了。它渴望着您的支持和理解，渴望您对它青睐有加，对它多加指点，帮它更健康地成长。

韬祺文化

2012年8月

Contents

GARDEN TIME

第 1 辑

我家有院

I have a courtyard

居室园艺

Home gardening

我家菜园在阳台 70

澳大利亚家庭的BBQ生活 84

费罗丽庄园的球根季节 90

低调的奢华 102

A HAPPY GARDENER

一个快乐的园丁

玛格丽特 文/图

在最初拥有花园的时候，我和先生就达成了一致的意见：花园是孩子们活动的天地，是她们不出家门就可以接触大自然的地方；花园也是一家人可以喝茶、放松、休闲的场所。而我，就是这个花园里一个快乐的园丁。

在中间最敞亮的位置，我们做了一个 4m × 4m 的木头台子。当时用的是杉木，上面刷了桐油，当然防腐木的效果会更好，不过价格也差了很多。 夏天的时候，孩子们就光着小脚丫在上面玩耍；和长颈鹿交朋友；抓蜗牛、做游戏、玩石子；还陪妈妈一起修剪残花。

一个庭院里，葡萄架是必需的。从5月份开始，葡萄的叶子便逐渐爬满整个架子，即使在阳光最强烈的中午，依然可以在葡萄架下找到一片阴凉。每年的7、8月份，还可以吃到酸甜可口的葡萄。葡萄成熟的季节，孩子们每天都眼巴巴地盯着，每一粒紫色的葡萄熟透了立刻会被摘下。葡萄架下，还挂了孩子们的秋千，一个简易的木板秋千，两个孩子能玩出各样的玩法来。偶尔还挂吊床，姐妹俩就争着要躺上去。

如果觉得葡萄没有花看，叶子不好看，也可以种紫藤或凌霄。这些都可以达到夏天遮阴，冬天落叶不挡阳光的效果。

葡萄架的一角，我还种了一棵金银花，这种植物生存能力超强，每年冬天都被我修成球状，到了春天总是能长成伞状，开很多花，整个院子都芳香四溢。金银花刚开的时候是白色的，花快谢的时候变成了黄色，所以同一枝条上黄色白色的花相间，便是金银花的由来了。金银花还可以摘下来泡茶喝，茶水有一股淡淡的香味，很好闻。

窗前，错落摆着一盆盆花，可以感受四季的变化。同时这些花也遮挡了窗下的白色墙壁，让空间变得生动起来。

院子的角落，一直摆着这个木头做的小鸟屋。孩子们总是盼着鸟儿们来安家。

葡萄架下铺的是青石板，下雨时水能渗透，不会积水，和慢慢变旧的葡萄架很搭调。马赛克面的户外桌椅就摆放在葡萄架下，我们可以喝茶、聊天，看花园里蝴蝶飞来飞去，看孩子们荡秋千。有时候还会在青石板上架上烤架，请朋友们来一起烧烤。

5 月的花园是最美丽的。藤本月季和铁线莲一起盛开，这是非常完美的组合，也让整个花园变得更加立体生动。铁线莲已经种了很多年头了，从最开始稀罕宝贝到疯狂收集品种，一直到现在的淡然，对“小铁”的感情，感觉像是一场恋爱，最初一见钟情，逐渐地痴迷，疯狂的热恋，到最后亲人般的温暖。哦？看来我和“小铁”已经“结婚”好几个年头呢！

（关于铁线莲的种植，详见 p20。）

GARDEN PETUNIA 矮牵牛

蓝色六倍利和粉色的矮牵牛，非常喜欢的组合

LOBELIA 六倍利

GAZANIA SPLENDENS 勋章菊

越来越喜欢勋章菊，春天的阳光下，总是开得那么灿烂！

有一年在上海闵行体育公园采收了一些二月蓝的种子，随手就播在了靠近篱笆处比较阴凉的地方，没想到第二年早春，篱笆下便稀稀拉拉地开出了很多紫色的小花，非常漂亮呢！之后每年花后种子会自播，现在这片二月蓝的花海早已经扩散到篱笆外的公共绿化带去了呢！

TRICOLOR VIOLA 三色堇

LARGELEAF HYDRANGEA

绣球花

绣球花特别皮实，这是最普通的品种了。春天花开得太多，剪下来做插花效果很好呢！

AQUILEGIA
耧斗菜

非常喜欢耧斗菜，它的花型十分特别，花色也很丰富。这几年国内的花市才渐渐有得卖。播种的话需要两年才能开花。

杉木的台子在N多年后终于开始腐朽，这个冬天拆掉后，在地面上铺了碎石子和鹅卵石。孩子们欣然地接受了这个改变，又发明了更多新的石子玩法。

院子也重新做了一些改动，加了一个中岛，种了一棵藤本月季‘安吉拉’和一些盆栽的铁线莲。

在孩子们眼里我们的花园总是最漂亮的，她们会对小朋友们炫耀说："我们家花园特别漂亮，花都是我妈妈种的。"这个时候，园丁的心里便笑开了花。

花园里的藤本皇后

自从第一眼见到铁线莲，就被她的美丽所倾倒，于是一发不可收拾，如痴如醉地恋上了她，收集各种各样的品种，让她的身影出现在花园里的每一个角落。每到春夏，她们展现出最美的姿态，如同一位统领着众多花仙子的美丽皇后，让人惊艳。

小花园是铁线莲展露风采的最佳舞台，只有在花园中，铁线莲各种不同的应用形式才可以因地制宜地得到应用，它可攀援在墙垣、拱门、车库、栅栏上，柔化硬质景观，也可与灌木、乔木、绿篱、地被等搭配，还可以独栽盆中自成一景。

在花园里的各种支撑物中，栅栏是铁线莲的首选拍档：攀爬非常容易，通风状况良好，但应该选择长势强劲，耐寒性强的品种。栽种在栅栏旁的铁线莲，可以选择同一色系不同深浅的花色，形成统一的视觉效果。也可以将对比强烈的不同花色混植，有很强的视觉冲击力。

▲ 乌托邦*C.* 'Utopia'

垂直的墙面通常缺乏变化和色彩，艳丽、醒目的铁线莲，尤其是张扬的大花品种可以在大多数墙面织出如锦花毯。墙边种植也要搭建一个支撑物。支撑物可以是简单的铁丝网，也可以是木、竹或金属的格栅。但金属网架因大量吸热而灼伤叶柄，可用喷塑的金属代替。支撑物和墙间留出至少 8cm 的距离，以便通风透气。

铁线莲也是装饰藤架和拱门的好材料，可以让它与其他藤本植物或灌木相搭配，通过色彩的组合、花与叶的相互映衬，营造出美丽神奇的视觉效果。与铁线莲搭配的植物通常可以选择藤本月季、忍冬、紫藤、木通、猕猴桃、木瓜、常春藤、茉莉和西番莲等。注意尽可能选用同一组修剪方式的品种混植，以避免枝条交织缠绕时无从下剪。

铁线莲也可以与观果或观秋色叶的乔灌木进行搭配，当灌木的果实未成熟或未进入观叶期时，铁线莲浓密的花可以弥补，而当铁线莲花朵开始变得稀疏时，又恰好成为叶色的点缀，在疏离间尽显清雅的韵味。此外，藤本月季与铁线莲的搭配可以构成令人惊叹的美丽组合，而且月季与铁线莲的栽种要求很相近，方便管理。

铁线莲部分品种可以像地被一样匍匐生长，因为枝叶细密、生长旺盛、花色绚烂，还可以用作开阔花园的地被。

铁线莲纤细柔软的枝条也非常便于造型，可以根据支撑物的造型而千姿百态。

► 别致*C.* 'Bieszczady'

戴安娜王妃*C.* 'Princess Diana'

铁线莲种植Tips
Clematis growing Tips

TIPS 1

铁线莲常见的栽培品种有哪些？如何繁殖？

铁线莲为毛茛科铁线莲属植物，世界上大约有近 3000 个铁线莲栽培品种。

花园中常用的铁线莲可以分为两大类：攀援类和直立类。前者只要给它一个合适的支撑物，就可以顺着支撑物向上攀爬；而直立类的铁线莲不善于攀爬，但它可以倚靠着支撑物生长，或者丛生，还可以如地被植物一般在地面匍匐生长。

铁线莲的花色非常丰富，红、橙、黄、绿、蓝、紫、白等均有，但紫色和蓝色是最常见的，也是铁线莲中最受欢迎的花色。常见的栽培品种有：'丹尼尔德兰达'、'蓝珍珠'、'紫杰克'、'印度之星'、'华沙美人鱼'、'查尔斯王子'、'藤娘'、'华沙女神' 等。

此外，铁线莲还有很多双色花的品种，花瓣的色彩由一种颜色向另外一种颜色过渡。如：'庆典'、'儒贝尔博士'、'马来西亚石榴石'、'卡那比'、'维罗莎'、'塞拉菲娜'、'沃伦伯格'、'彩锦' 等等。

花园栽培的铁线莲可以进行播种繁殖，但种子繁殖所需时间长，所以一般通过扦插、分株的方式进行繁殖。扦插时应选择绿色的新枝或半木质化的枝条，最佳时间是仲春至初夏，扦插后 4~8 周即可生根，生根后就可以上盆了。上盆时可选用 20cm 高的花盆，将小苗种入盆中，使节点刚好露出土面即可。让小苗一直在花盆中生长，到来年春天，就可以移种到院里了。

斯考特将军*C.* 'Genera Sikorski'

TIPS 2

在购买时如何挑选铁线莲？

想要铁线莲繁花似锦，选择合适的品种是关键。初次种植铁线莲的花友最好选择 3 年及 3 年以上的成品苗，因为 3 年以上的大苗根系发达，也会有 3 根以上的枝条，这样的苗不仅成活率高，也可在短时间内花繁叶茂。

蓝珍珠*C.* 'Perle d'Azur'

TIPS 3

家庭种植铁线莲的要点有哪些？什么时候种植合适，大约多长时间能开花？

除了霜冻期，其他季节都可以栽种铁线莲，但 3~6 月及 9~10 月栽植最理想。

最常见的早花大花品种，通常花期从 4 月底 5 月初开始，晚花大花品种花期比早花品种晚半个月，南方花期会相应提前。大部分大花品种的花期都长达三四个月，部分品种花期更长。夏季最热时，铁线莲会休眠，此时可以对铁线莲加以修剪，气温下降后还会再次开花。所以很多品种都会有两个花期。

绝大部分铁线莲，尤其是大花品种，都喜疏松、肥沃的土壤。可以自己堆肥，也在市场上购买进口的基质，购买时一定要选择粗颗粒的泥炭，因为细颗粒的泥炭保水性太强，易导致根部呼吸不畅，最终造成铁线莲烂根。为防止铁线莲根部积水，可在定植穴坑底先铺一层碎石砺或砖瓦块之类稍大的石块，上面再铺一层小碎石或河沙即可。

铁线莲的枝条喜欢晒太阳，每天至少要有二三个小时的光照。

TIPS 4

铁线莲生病后如何管理？

铁线莲的生命力很强，即使发现时整个植株都已患病枯萎，也可采取恰当的方法，让铁线莲恢复生机。

发现铁线莲生病后，可以把铁线莲根部的土扒开，露出根部的枝条，直到可以看到根系的上部为止。注意动作要轻柔，不要伤到铁线莲的根系。

用手触摸紧靠根部的枝条，当发现茎杆变软发黑处，将患病枝条从变黑处下方剪除。如果整个植株都被感染，剪口的位置就需要更低一点。注意，剪口应为健康的青色，如有黑点，仍需向下剪至黑点完全消失。修剪之后最好能有一小段茎杆得以保留，让新芽从茎杆上发出。

最后将刨出的带病菌的土换掉，给铁线莲恢复活力所需的养分。回填土最好稍微有点潮湿，填土后暂时不要浇水，否则会增加病菌生长的机会。

查尔斯王子C. 'Prince Charles'

里昂城C. 'Ville de Lyon'

蓝焰C. 'Bagatelle'

印度之星C. 'Star of India'

TIPS 5

如何方便又快捷地购买到质量好的铁线莲？价格如何？

目前在国内市场能很容易购买到铁线莲成品苗，可选择的品种也有一两百个。不同苗龄、不同品种的铁线莲价格会有一定差异，但多数都在160~220元/株之间。

购买时一定要选择信誉度高的专业苗圃，不仅质量有保证，还有较好的售后服务。淘宝网上经常有网店用野生的小花铁线莲来冒充好品种销售，甚至用其他爬藤植物来代替，花友们要擦亮眼睛，避免上当。

编辑给花友们推荐北京天地秀色园林科技有限（www.tiandixiuse.com）公司，这是国内最著名、最专业的铁线莲苗圃，可以在淘宝上直接购买，也可以打电话订购。除此之外，通常在不同的销售季，专业的铁线莲论坛（www.clematris.net.cn）还会进行团购，价格合适并且质量有保障，也是购买铁线莲的一个很好的渠道。

I am a Succulent fan

多肉控的迷你小宝贝们

玛格丽特 文/图

这是从孙桥淘来的浴缸盆，20 元 1 个，带底座，除了这个黑色，还有一个白色，凑成一对儿。其中黑色里面种了颜色稍浅的“肉肉”。中间最大的是‘鲁娜莲’，还带着花杆了，前端两个分别是深粉色‘初恋缀化’和叶子细长的‘仙女杯’。

终于成了一个彻底的“多肉控”。也发现了自己的某一个方面的潜质：一旦迷上某样东西，便会一发不可收拾。

本来只是在新桥市场小打小闹地买些盆和普通的“肉”，每天看着也很美滋滋的。前几天，跟着冰去了浦东的一家多肉大棚，那里品种真多啊，漂亮啊，让人眼花缭乱。鉴于俺种“肉”还是新手，高级的昂贵的肉肉们我都不买，万一养死，心疼的可不止是钱。所以，即使看到心仪的肉肉也都买的是迷你小宝贝型的，一来价格可以承受，二来养大也很有成就感。

这个是‘丸叶万年草锦’，老板说叫‘日本小松’，不知到底对不对，长成一大丛更好看，高的是‘小人祭’。

小酒桶里是‘玉露’和‘虹之玉锦’，她们说：“这个盒不是我的风格”，嘿嘿，我还没有自己的风格呢，将就着吧☺

这个看上去就象一朵盛开的“玉莲”，所以我单独给配了个单间☺

白色浴缸中两朵皱皱卷边的“肉肉”我最喜欢，浅色一些的是‘沙漠之星’，深色的则是‘抵源之舞’，长大了更好看，到时候给它们每个都配个单间☺

绿色的是带花纹的‘情人泪’，大的、粉红色的是‘初恋’，两者配在一起，是不是勾起了太多青涩而美好的回忆？

中间最大的是‘紫贝壳’，周围是‘虹之玉’，‘虹之玉’就象冬天里被冻得发红的手指头，让人怜爱。

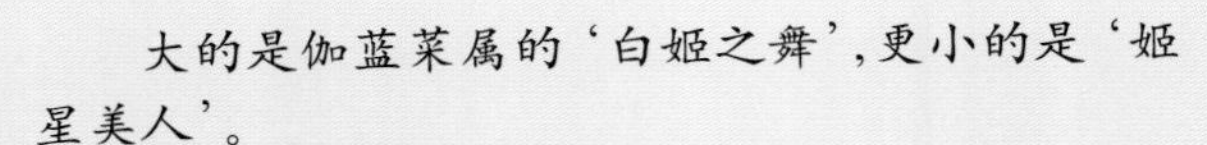

大的是伽蓝菜属的‘白姬之舞’，更小的是‘姬星美人’。

这是淘来的紫鸭趾草，据说是新品种，颜色我喜欢。

多肉植物在过冬时，最好保持土壤干燥，用塑料袋或一次性塑料杯将其罩住过冬，最好不要浇水，以免起冻时把根部冻坏了，也不用扎眼。气温低于5℃以下时，就要将其罩起来。来年春季气温稳定时，再将覆盖物拿掉。

开春后第一次给多肉植物浇水，时间应在3月至4月，最好在清明前后，此时气温已经比较稳定。浇水时，要一点一点地进行，并且只能浇土。

呵呵，这几棵是不是很像玫瑰？所以我特意为它们配上了玫瑰图案的花盒。

Tips 教你如何种多肉植物
on growing succulents

多肉植物亦称多浆植物、肉质植物，这类植物有着肥肥胖胖的外形，内部组织富含大量的浆液。根据形态的不同，多肉植物可分为两大类：第一类是叶多肉植物，这类多肉植物叶的肉质化程度较高，茎则处于次要地位；第二类是茎多肉植物，这类植物植株的茎较为突出，并呈绿色，能代替叶进行光合作用。

大部分多肉植物原产热带和亚热带干旱地区，喜欢光照、高温，害怕高湿、低温的气候。多肉植物有一个独特的生理习性，那就是几乎所有品种都有一年一度的休眠期或半休眠期。由于品种不同，它们的休眠期有的在夏季，有的在冬季，个别品种在夏、冬二季。只要掌握了多肉植物的生活习性，养护起来就比较简单，主要注意以下几点即可。

TIPS 1

TIPS ON GROWING SUCCULENTS

多肉植物养护小贴士——过冬

多肉植物安全过冬看起来比较复杂，其实相当简单。将多肉植物放在有阳光的地方，注意入冬后不能让其接触到冷风，这也就是所说的避风。

TIPS 2

TIPS ON GROWING SUCCULENTS

多肉植物养护小贴士——栽植

换盆是多肉植物春季管理的一项重要内容，最好等到气温稳定时进行。换盆前 3 天至 5 天要停止浇水。换盆时，将从市场上买的仙人掌土 + 粗沙 + 烧过的煤渣混合在一起作为土壤，煤渣虽然没有什么营养成分，但是能使土壤透气，浇水时土也干得快一些。也可以适当买点兰石，选择 0.5cm 左右的规格，将其拌在土壤里面，1cm 以上的兰石就只能放在土壤表层。这样做的好处是，浇水时不会将水溅到植物的叶片上。

TIPS 3

TIPS ON GROWING SUCCULENTS

多肉植物养护小贴士——温度、通风、施肥

市面上常见的多肉植物，生长时期通常在春秋两季，适合生长的温度为12~25℃，可以早晚喷雾。要想养护好多肉植物，通风是关键因素，晚上要开窗通风。无论养护哪种类型的多肉植物，肥液都宜淡不宜浓，对长势较为旺盛的植株可多施、勤施；长势较弱的植株则应少施，甚至不施；新上盆的植株由于根系尚未恢复吸收能力，也不要施肥。

TIPS 4

TIPS ON GROWING SUCCULENTS

多肉植物养护小贴士——浇水

多肉植物在气温高时浇水容易死亡。阴天时，即使土干了，也不要浇水，应该等到天晴时再浇。夏季要慢慢断水，将其放在通风有散光处，隔双层玻璃或者离玻璃远一些就好。夏天多肉植物休眠时，千万不能浇水。如果你养护的多肉植物不多，夏天时可以把它们都放在一个大盆里，再用土焐着，浇水时只浇在大盆里。在夏季休眠期，无论是白天，还是晚上，都不要将其放在室内，在室外搭个遮阴篷最好。气温达到33℃时，一定要停水。

TIPS 5

TIPS ON GROWING SUCCULENTS

多肉植物养护小贴士——换盆

Step1: 为多刺的仙人掌属多肉植物倒盆时，为了防止刺折断，最好将其裹上一圈报纸或者软纸巾，再用橡皮筋或细绳扎住。打开时，如果纸与长刺纠缠在一起，只要把纸弄湿，就可方便除去，再用镊子摘除小纸屑。“老手”们倒盆时能直接赤手操作，让尽可能多的刺均匀地接触到手掌，以分散植株的重量，但不推荐赤手操作，因为仙人掌属植物纤细的刺的尖端刺入皮肤后会折断，也不能赤手操作长着倒钩的乳突球属植物。

Step2: 倒盆时，翻转植株后，用盆的边缘轻击椅子的角，或用一块木头敲击盆的边缘，使盆与土分离。上述方法不太成功时，用一根木棍插入盆底部的孔，然后均匀施加压力，这样效果会很好，但要注意有肉质根或块根的植株尽量不要这样做。如果使用的是塑料盆或其他有弹性的盆器，可以先轻轻地隔着盆壁挤压盆土，这样能使盆更容易脱出。如果根团过于紧密，为了不伤害植株，可以把花盆弄碎，这样总好过把植株弄伤。

Step3: 去掉植株根系上的旧土，察看里面是否有害虫。去旧土时使用一根小细棍或细长的标签卡试探着进行，如果土中有白色绒毛状小团块或细小的昆虫，形状如木虱，长 2mm，它们就是根粉蚧。一旦发现土里有害虫，就应尽多地去除旧土，或用水把土冲干净，用内吸性杀虫剂浸泡。

Step4: 对于去掉土的植株，要剪掉其老根、烂根和半枯根，健康的根也要适当剪短，一些品种可剪去全部根系，只留下根基，晾几天后重新栽种，这样发根又快又好，有利于植物生长。一些具有肥大肉质根的品种则不易过度剪根，因为这些植物肥大的肉质根内贮藏有丰富的营养，若过度修剪会影响生长，严重时甚至造成烂根，整株死亡。

Step5: 将植株重新栽入盆中，如果植株的根团在旧盆中已长满，应换一个稍大的新盆。上盆时，花盆下面应放颗粒较粗的土，然后再放细粒土，将植株放正，一边加土，一边把植株略上提，使根系舒展，土不要加得太满，方便以后浇水。栽好后，将花盆在地上墩几下，使土壤和根部结合紧密，由于土壤是湿润的，栽种后不必马上浇水，实践证明在微湿状态的土壤中，植株发根反而更快、更好。以后盆土发干时，可以适当喷些水，等 7~10 天后可浇一次透水。栽好的植株宜放在光线明亮又无直射阳光处养护。

Step6: 换盆时若老株旁有幼株，可将其掰下，对根系进行适当修剪，摘除干枯的叶片，另行栽种即可成为新的植株。有时在普通植株旁边还会萌生带有斑锦的幼株，如果其幼苗的叶片是白、绿或黄、绿相间，可取下栽种，使其成为一株美丽的斑锦植株；如果幼苗的叶子是纯黄或纯白，就不要取下了，因为它们体内不含叶绿素或叶绿素很少，单独栽种很难成活，即使成活，长势也很弱，可仍留在原株上生长，等其长出带有绿色的叶片后再取下栽种，以提高成活率。

THE BRONZE SPIRIT FROM BELGIUM

来自于比利时的青铜精灵

赵芳儿 文

花园里让人感觉生机勃勃的，除了各种花花草草，园艺小品是不可缺少的，这些院子中的小精灵，能让院子充满灵气，甚至因为它们的存在，而使院子呈现各种不同的风格：卡通感觉的、童话意境的、典雅传统的、狂野不羁的……

本书为您介绍的是来自于比利时的青铜花园雕塑，雕塑以人物为主，可爱的小精灵们运用了欧洲古老的青铜技艺，配以独具匠心的欧式设计，惟妙惟肖，当它置于户外时，犹如每个正在成长的小孩，把人带回天真烂漫的童年时光。

据代理该产品的浙江虹越花卉有限公司相关负责人蔡先生介绍，与其他质地的雕塑相比，古老的青铜，不仅有不易碎、工艺精致等特点，而且表面经过特殊工艺的处理，能够经受各种天气的考验，随着自然的洗礼，会逐渐散发出不一样的光泽，铜绿部位和茶色部位的颜色会越来越漂亮，无需额外的防护和管理，可以永久保存。

除了装饰户外花园，它们还可以应用于室内，与家居饰品搭配设计，如盆花、毛绒玩具等，也可以单独成景，让家居环境独具一格。

青铜雕塑饰园 DECORATIVE GARDEN Tips

优点：不易碎、工艺精，
时间越久越有韵味，
历久弥新。

缺点：较沉，价格相对较贵。

哪里买：http://hong-an.taobao.com
http://www.4001890001.com

NEW ESSENTIAL
EQUIPMENT FOR RELARED
COURTYARD

舒爽庭院几款新装备

骆会欣　文/图

夏日的夜晚，一家人在院子里乘凉，躺在妈妈怀里数星星、听故事的惬意生活是童年记忆中最美好的庭院生活。赏心悦目谁家院，庭院作为室内生活的向外延展，是家庭成员户外休闲、娱乐、聚餐的最佳去处。随着夏日的到来，人们的户外活动逐渐多了起来，为提高庭院舒适度，这几款新型装备您备好了吗？

生态驱蚊设备

ECO-REPELLENT DEVICE

再美的庭院花园也不敢去亲近，怕的是亲近自然的同时被蚊子“亲密接触”。试想一下，如果在花园里优雅漫步时还要和蚊虫做斗争，那是怎样的大煞风景！传统的驱蚊方式有蚊香、驱蚊贴、驱蚊草、电蚊拍等，不过对于庭院来讲，这些措施似乎不够，要想在庭院惬意地享受夏日时光，一台安全、环保、高效的生态驱蚊器是一定要有的。

生物灭蚊不使用杀虫剂，不释放任何对环境有害的气体，而是通过高科技的灭蚊磁场打断蚊子的繁殖链，可安全、环保、高效、彻底地解决蚊虫困扰。

生态驱蚊器不光高效，在设计上也非常注重与环境的协调。

全自动太阳能户外灭蚊器产品，不涉及布线等问题而更加便于安装，位置可任意设定，适用范围更加广泛。

庭院喷灌系统

GARDEN SPRINKLER SYSTEM

喷灌系统不仅是庭院植物健康生长的保障，多样的水型和花洒也可为您的庭生活带来无限乐趣，迎着太阳喷灌，您甚至可以制作“彩虹”呢！如果你的喷灌系统设计是全自动的，即使您要外出度假，也不需要担心，全自动喷灌控制系统能根据您的计划自行完成喷灌工作。

水管接头和各类接口：通用性极强的水管及水管接头，标准的快速连接系统，可以满足各种严苛的使用需求，可完美搭配在各种家用及商用高压清洗机上，消费者可自行装配，不需要专业施工即可打造一套完美的喷灌系统。

水管和各种水管车：能有效地输送满足需求的水源，水管车可以对水管进行有效的存储和释放，使用灵活。

喷枪和喷灌器：手动及自动的喷灌终端，能有效应用于不同面积的喷灌需求，从家庭阳台到别墅花园，均能够完美均匀地进行喷灌工作。

POTTED FLOWERS FOR ARTISTIC DECOR AT HOME

盆花饰家 来点艺术范儿

吴潇 文/图

身为园艺发烧友的我，最近又迷上了制作家居园艺小品，我理解的家居园艺小品，其实就是让普通的盆栽花卉也具有“艺术范儿”，这种能美家的花草游戏，既让人感到趣味横生，又能创造出一种独特的生活情调。

要想将普通盆栽打造成具有艺术风范的园艺小品，首先要选择和花草形态、色彩及整个环境相搭配的花器，就如同人穿衣服那样，要根据着衣人的体形和性格来搭配服装。如果花器和花草搭配得体，就能彰显艺术气质，成为美化家居的“点睛之笔”。我会根据植物的色调来选择不同颜色、材质、款式的花器，并喜欢用色泽自然、品相好、有纹理感和造型感的花器来搭配植物。以下是我制做的几件家居园艺小品。

PART1

茶几上的绿色

由于植物要放在茶几上，因此我选择了有内置过滤器的德国雪瑞奇（Scheurich）品牌花器，不会弄脏茶几。

花盆颜色为灰绿色，搭配碧绿色的常春藤甚是可爱；对于文竹，我选择了陶盆，给人一种清新的感觉。

由于花盆带有过滤装置，因此旁边有量瓶，只要水位高过提示线，就表示不用换水。

PART 2

优雅的蝴蝶兰

最近，我开始迷上养蝴蝶兰。她气质优雅，对花器要求更高。果绿色的蝴蝶兰有春天般的浓郁绿意，所以我选择了淡绿色的环保圆盘，并把6株花拼在一起，然后用蝴蝶夹进行造型，非常雅致。还有一株黄色蝴蝶兰，我搭配了带有过滤器的橘黄色德国Lechnza长形花盆，放在餐桌上显得亭亭玉立。

蝴蝶兰花很娇贵，应长时间放在阳台窗口，但不能暴晒。由于这两盆蝴蝶兰都不是用泥土栽种的，因此只要在植物根部喷洒水雾即可。

PART 3

铁艺花架显示浓郁欧洲风情

我一直喜欢铁艺花架，尤其喜欢带有浓郁欧洲风情的白色多层花架，这类花架不但大方实用、洁净漂亮，而且能为家居增添一抹现代时尚色彩。最近，我淘了两款铁艺花架，一款是带有花纹的白色花架；另一款是三角直立的，带有玫瑰花图案。用这些花架将不同的植物组合在一起，然后将其摆放在一个显眼的墙角里，就是房间里一道亮丽的风景。

PART 4

自在漂浮的迷你水景

迷你花园不能没有水景。我利用一个举着一片荷叶的青蛙雕塑打造了一处迷你水景。由于荷叶池有点浅，因此我放了一片青萍和几朵黄菊，让它们漂浮在荷叶上，这让下面的青蛙王子变得“英俊”起来。

青萍是一种藻类，可以在水中自由游动，其全身都能够吸收溶解水中的二氧化碳和无机盐，并且能够依靠眼点的感光和鞭毛的摆动，游到光照等各项条件都适宜的地方进行光合作用，制造有机物维持自己的生长所需。荷叶池内的漂浮物可以不断更换，让景色常新。

PART 5

调味香草秀

迷迭香、柠檬、百里香、薄荷等都是易种的香草，可随时用来烹调食物，薄荷还可以用来泡茶，并能去除鱼的腥味。我用了一个白色有黑色竹子图案的齿状花盆来搭配薄荷，有一种很清新的感觉！

薄荷品种众多，但适应性都很强，耐寒且易种，非常适合新手栽培。其喜欢光线明亮但没有阳光直射的地方，同时要有丰润的水分，因此浇水最好在土壤未完全干燥时进行。薄荷生长极快，可随时采下食用。

PART 6

具有清凉感的水培植物

水培植物是最好养的，只要给它充足的光照，并注意补充水分即可，偶尔可以用点稀释的营养液。水培植物的叶子都特别漂亮，极具观赏性，搭配荷花陶瓶很有艺术气质。在家里摆放几盆水培植物，能给人带来一片清凉。

PART 7

富有意趣的组合盆栽

果然有花设计工坊曾利用长形大花器制作组合盆栽，给我留下了深刻的印象。该作品以君子兰为主角，用网纹草、冷水花做点缀，再铺上碎贝壳和麦饭石，放置在果绿色、带有过滤装置的花盆中。整个作品气质清雅，让人百看不厌。

还有冷水花，我用白色“花篮”种植，用两支粉色“四叶草”装饰，立刻变得活泼起来。

冷水花、常春藤、文竹铺上麦饭石，很好养护，只要每周在土壤变干时浇少量水即可。

PART 8

悬挂的绿色

绿萝是非常适合室内装饰的常绿观叶植物，小叶的品种因为茎蔓生长极快，因而常被悬挂起来，是美化墙壁、空调、冰箱的好饰品。

茎蔓生长快，叶型小的植物都可以被悬挂起来，如绿萝、常春藤、口红花等。绿萝也可以水培，直接将剪下的绿萝枝条插在水里，过几个月，枝蔓就能从容器中垂下来。

绿色的枝蔓植物在养护时，夏季应避免烈日暴晒，但其他季节要保证充足光照。

PART 9

带有春天气息的浪漫花草

一般来说能开出漂亮花朵的植物多数是比较难养的。每次淘到喜爱的花盆，我都会下决心养一盆美丽的鲜花。因为喜爱非洲紫罗兰的妙曼身姿，我选择了一个细瓷、带有粉色玫瑰花图案的陶盆来衬托它的美丽。我还喜欢丽格秋海棠的火热情怀，就选择了一个淡绿色、带有向日葵图案的方形陶罐来承载它的激情。

非洲紫罗兰和丽格秋海棠都喜温暖、湿润、通风、半阴的环境，忌高温，怕强光，对基质、水分、肥料、温度及光照的要求都比较严格，需要细致养护。

PART 10

令人迷恋的铁线蕨

铁线蕨让我痴迷，这是一种阴生植物，特别好养，叶片非常漂亮。我选择了一个带有玫瑰花图案、洒水壶形状的漂亮陶罐来搭配它，以衬托其美丽的姿态。铁线蕨扇形羽状叶密似云纹，翠绿清秀，叶柄细长，扶疏俊美，是最美的观赏蕨类之一，枝叶常作为切花配材。

铁线蕨喜欢阴暗潮湿的环境，但受不得寒冷和干旱，喜疏松透水、肥沃的石灰质土和沙壤土，平时也可短时间放置于有阳光散射的地方，这样可以使它生长得更好。在气候干燥的季节，应经常向植株周围的地面洒水，以提高空气湿度。

PART 11

快乐的空气凤梨

空气凤梨是一种非常流行的植物，小巧可爱，完全不用土壤栽种，要根据品种来选择花器。我用白色的铁艺单车来搭载这些可爱的小精灵，并让一个雕塑小公主陪伴它们。

还有虎斑空气草，我把它放置在白色浴缸中，并铺上白色沙岩石和小布头，非常精致可爱。

每隔几天，就要给空气凤梨喷一次水，但不要让根部积水，否则会使其窒息腐烂。空气凤梨需要通风透气，应将其放在通风良好的环境中。

ARISTOCRATIC THE ARISTOCRAT OF POT PLANTS

红掌

——家居盆花中的贵族掌门

李淑绮 文

世间的花有千奇百怪，我却独独珍爱着它——红掌。从名字上就可以猜出它的摸样，红色的手掌。的确，这种奇特的花有如一只伸开的手掌，在掌心处竖起一个小小的金色柱状的穗，好似一支小巧的蜡烛，因此，它还有个俏丽的名字叫做花烛。红掌的花色以红色为主，但在现代的育种技术下，红掌也出现白色、粉色、绿色、橙色等多种颜色，不要以为红掌就只有红色的哦！

荷兰是红掌的“第二故乡”，善于花卉育种的荷兰人栽培、培育红掌，并将它们输往世界各地，目前，全世界的红掌品种大约有250多个，主要品种资源掌握在荷兰人手中。笔者曾在上海鲜花港参观了荷兰瑞恩公司的中国基地，瑞恩是一家荷兰著名的红掌育种公司，他们在上海建有基地，有很多从荷兰运来的种苗，再从这里运往全国各地。在这里，笔者见到了来自荷兰的技术人员，从他那里，笔者了解到，瑞恩公司的很多品种在中国都有生产和销售。当他得知笔者特别喜欢红掌，还特意告诉我，如果要去花卉市场买红掌，选择‘红国王’、‘梦幻’等品种，他说，这些品种是他们优选出来的，特别适合中国。

红掌绽放着美洲风情，因为它来自南美洲的热带雨林；红掌也有着东方感性的风采，因为它耀眼的红色让人感受着东方人特有的热情。集东西方文化于一体的花卉并不多，红掌就是其中之一，这也是其让人迷恋、能在中国迅速生根发芽的重要原因之一吧！红掌的花语是“热情，充满活力，积极进取”。在美国，当它被当做送给恋人的礼物时，则传达着“热恋着你”的脉脉情义。

在一位爱花人的博客上曾提及,她看到红掌，让她联想起一句中国古诗“红掌拨清波”；还有一句是“洞房花烛夜，金榜题名时”。这可真是位有心人，也可以看出来，红掌在中国还真是有“人缘”呢！

红掌既有切花也有盆花，所以，随你喜好都可以成为装点居室或者作为馈赠友人的佳礼。花盆中栽植的红掌一般高度在30～50cm，长心形的叶片，与慈姑的叶子相似，叶色青翠，赏花观叶都极佳。

养护要点

18~28℃是红掌的最佳生长温度，夏季当温度高于32℃时可适当给其通通风、喷喷水；冬天室内温度只要不低于14℃，就可保其安全。

高温高湿有利于红掌的生长。当温度在20℃以下时，室内的自然环境即可生长；当温度达到28℃以上时，可采用喷雾的方法增加叶面和室内空气的相对湿度。

红掌是喜欢光照的植物，但是，夏季避免直射光照射叶片、花朵，否则可能造成叶片变色、灼伤或焦枯。秋冬季节在温度适合前提下，可放置在窗口附近，以增加光照。如果能做到定期转动植株，让其接受均匀光照，还以使株形更圆满漂亮。

给红掌浇水，宜掌握土表不干不浇、浇则浇透的原则。春、秋、冬季可适量减少浇水次数和浇水量。如果希望红掌能生长更壮实，可从花卉市场购买专用肥料按要求施用即可。

本文图片由瑞恩（上海）技术有限公司（www.rijnplant.com）提供。

太阳菊、非洲菊、香兰、水波苏装饰

派对配角——乒乓菊、雪柳、龙柳、贝壳插花

泳池边的浪漫

鲜花烛光装饰鸡尾酒会

FLORAL DESIGN FOR PARTIES

时尚party 花艺作陪

晓迪 文

最近参加了一个时尚派对，派对上的活动丰富多彩，但给我留下最深印象的，还是那些唯美浪漫的花艺。

派对在一个高端别墅区的水畔会所举办。走进会所，在铺满野黄菊的碎石路上，一个个缀满了乒乓菊、雪柳、桔梗和尤加利叶的泥陶罐，让人感到野趣的春天气息扑面而来。凌空垂吊的飞舞的非洲菊，和水面上飘着的朵朵非洲菊相互呼应，让整个派对灵动而浪漫，让人耳目一新还有一个让我觉得很经典的设计——用杂志的不同页面折成一个个器皿，其中插上非洲菊作为点缀，让人不禁赞叹这匠心独运的创意。

派对是在晚上举行，花艺师充分利用了各种香薰烛台来装点水边空间，如青苹果和蜡烛装饰的餐台，水面上漂着的根根蜡烛，浪漫的烛光、五彩的鲜花，华服鬓影，三五知己，把酒言欢，让人难以忘怀！

水畔会所、户外花园或泳池边都是比较适合派对的场

各色非洲菊点缀水边派对

Party 上的插花作品

所，在其中布置花艺更能起到锦上添花的作用。设计这场派对花艺的“珠海果然有花设计工坊”高级花艺师 Wendy 介绍，花艺设计越来越多地融入到时尚派对中，“果然有花”每年都会承接多场这样的 party 花艺设计。“前段时间，我们为一个时尚杂志周年庆典做花艺设计，派对的主题是‘回归自然，春花绽放’。按照这个思路，我们‘借’一抹绿色和五彩缤纷的鲜花来营造春天的气息，设计的花艺作品赢得了非常多的喝彩。”Wendy 说。

“果然有花”最近还布置了一场鸡

空中悬挂的非洲菊

尾酒会派对，波光粼粼的泳池边，鲜花在水中呈现迷离倒影，撩拨着嘉宾的视觉神经，引得他们纷纷留影。设计师还利用露台和水边的闲暇空间进行细节设计，让所有来宾都能欣赏到最美丽的景致，让他们在品酌美酒、聊天休憩时心情更加愉悦。（本文图片由珠海果然有花设计工坊提供）

泳池边的花艺设计

鲜花池畔与倒影

花艺设计 Design Tips

花艺策划师 Wendy 分享时尚派对花艺设计心得

1. 不同于一般主题派对，时尚派对的花艺设计突出个性化设计。
2. 对时尚派对进行花艺设计，首先要选好场地，然后度身打造花艺作品。
3. 针对不同的派对主题，要进行不同的花艺设计，以显示出主题的鲜明。
4. 派对主题设计讲究整体构思和细节，并以此来打动嘉宾。
5. 根据派对主人的要求和嘉宾的信息来进行细节设计，主题花、胸花、整体布置都要和派对主题相吻合。

果然有花设计工坊设计的其他 party 花艺作品。

1 艺术插花带来的喜气
2 花果装饰的鸡尾酒会
3 玫瑰装饰的鸡尾酒台
4 晚宴鲜花、水果装饰
5 漂亮花艺

悬关花艺1

DECORATE YOUR HOME WITH FRESH FLOWERS

撷把花草来饰家

赵梦欣 文

如果你和我一样是个爱倒饬、隔几天就想把家换个新花样的“家饰狂”，那么，没有什么比插花更简单又效果绝佳的方式了。

兰花三两枝，或是采一株风信子，抑或是铲一块青苔，置于或瓶或碟里，就能让春天的气息在居室里弥漫开来，对，就是这么简单。如果你还嫌麻烦，那就在路边随手摘两朵迎春，把它们放在装满水的碗里作为茶几花饰，一样让人心旷神怡。

现代的、中式的、欧式的、田园的，家居有各种不同的风格，每一种都可以用相应风格的插花来搭配。现代的插花随性时尚，中式的韵味飘逸，欧式的热烈丰满，田园的自然而浪漫。

悬关花艺2

悬关花艺3

悬关花艺4

悬关花艺，推开门就能见到花和画，心情怎能不愉悦，用于悬关装饰的鲜花作品不用太大，体量也不用太高。

餐桌花艺1

餐桌花艺，既可以用于餐桌，也可以用于茶几，晚餐时还可配上蜡烛，浪漫而温馨。

餐桌花艺2

然而，要真正做专业的鲜花把玩者却是不易，首先你得了解花儿的性格和脾气，如同做衣服选择布料一样，插花也要依照各种花儿的性状、质感、色彩来搭配。

花儿五彩缤纷的色彩自不必说，起陪衬作用的绿叶其绿色也有很多种，比如嫩绿、翠绿、墨绿等，有些墨绿的叶子，比如山茶叶、七里香叶，与鲜花搭配起来感觉比较古典、成熟，而翠绿的茉莉花叶则让人感觉清新而有朝气，嫩绿的苔藓则让人感觉心境开阔而宁静。

餐桌花艺3

卫浴花艺1

卫浴花艺2

卫浴花艺3

从性状上来说，可以分为线状花（很多花轮生在一根茎杆上，就像一根线把花朵串起来，比如跳舞兰、蝴蝶兰）、点状花（花朵比较小，远远看去就像一个小点，比如蕾丝花）、还有块状花（花朵比较大，比如玫瑰、菊花、康乃馨、绣球花等，能在不抢焦点的时候做成非常好的色块）。

从质感上来说，红色的玫瑰花感觉像丝绒，红掌因为蜡质而显得“硬朗”而有光泽，蕾丝花如同繁星点点，鸢尾轻盈而柔软，毛茛则纤弱而华贵……质感是插花中很重要却又容易被忽视的因素，像丝绸上衣搭配仔裤一样，即使色彩和谐，但看上去也会不伦不类，原因就是质感相差太大。

还有一点也别忽视，那就是插花的容器。玻璃容器通透纯净，在现代家居中使用很多，土陶的自然粗放，有着浓郁的田园风格，瓷质容器剔透精致，木制容器则古朴田园。

春天里的花很多，鸢尾、马蹄莲、芍药、迎春、桃花、花毛茛、野菊花……随手撷一把，给居室换个新“花”样，也给自己换个春天般的心情。（本文花艺作品由花艺设计师孙可、曹雪提供。）

卫浴花艺，在洗手间配上插花除了增添卫浴的花香，也能突显女主人的精致。

How To

书籍也能当花瓶

作者 郭少静 / 供图 花艺在线

在插花时，不同的瓶器会使作品呈现完全不同的风格。书籍是日常物品，但书籍形式的花瓶，却透出时尚、文艺的气质。

需要用到的材料有

需要用到的材料有：琼麻丝一块，试管若干，鲜花数支，都可从花卉市场或者较大的花店获得，也可从出售花艺资材的网店购买。

制作方法

Step1：将麻丝块做成一本书的形状，书的封面装饰一个蝴蝶结。

Step2：将各种型号的试管用塑料绳固定在麻丝书上。

Step3：在试管中注入清水，将鲜花高低错落插入其中便可。

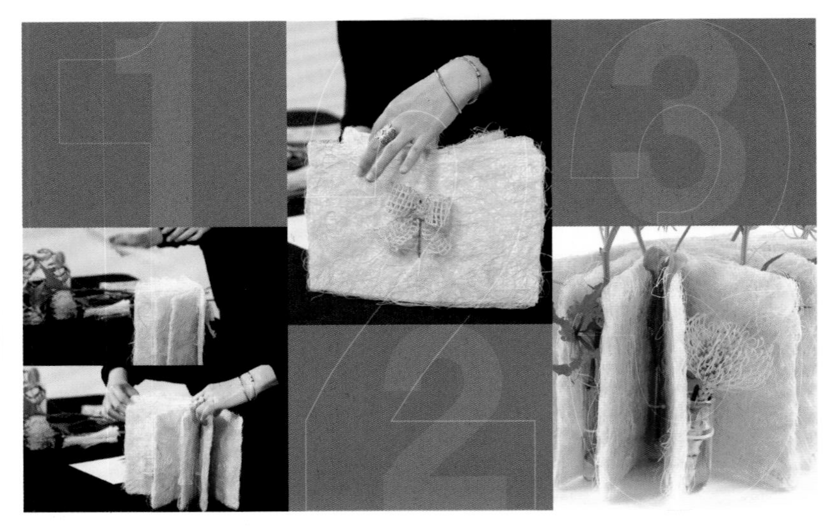

FRESH TABLE WITH PINKS

FLORIST BE DESIGN

清爽的石竹梅桌花

作者 郭少静 / 供图 花艺在线

石竹梅很常见，一年四季在花卉市场都能买到，下面的这款石竹梅桌花，简单易学，却清爽怡人。

需要用到的材料有

玻璃缸2只、石竹梅数支、竹篾4根。

制作方法

Step1：将竹篾捋弯，并用火烤一下弯曲的部位定型。

Step2：将两根烤好的竹篾放在一起，两端用铁丝固定，中间撑开成新月形，放入玻璃缸，并将玻璃缸注水。

Step3：石竹梅插入竹篾构成的新月形内，作品就完成了。

“悦读”花盆流行色

李淑绮 文

在家居装饰的物品中，植物是最充满活力的，它不仅能给居住者提供清新空气，还具备与生俱来的可欣赏性，所以，它已是任何一处理想家居不可或缺的最环保、最安全的健康装饰品。但是，有句俗话：“佛要金装，人要衣装。”植物也如此，再美丽的植物如果没有合适、优美的花盆来搭配，美丽也会大打折扣。如同服装，每年花盆也有其流行的趋势，近日，家居园艺装饰专家晓萌，就对近年盆器的流行趋势进行了解读。

C O L O R

近年的花盆色彩设计将一改“低调”风格，以往只为“他人作嫁衣”的设计理念被逆转，而是以缤纷的色彩高调亮相。清新的绿色、神秘的紫色、张扬的橙色、纯洁的白色、娇嫩的粉色以及淡雅的灰色成为本季的主流。这其中来自德国的雪瑞奇花盆，颇具领袖风范。

在当今快节奏的生活，色彩成为调节人们心理活动的重要因素。尤其是对于那些经常处于紧张、压抑、郁闷心情下的白领们，色彩对缓解压力、调整心情起到了重要作用。利用缤纷色彩，让心灵重归快乐，植物与花盆相得益彰。

质 地

TEXTURE

如今，制作花盆的材质越来越丰富，各种新型材质被应用到花盆工艺中来，环保仍是近年花盆主推的理念之一。各种可回收、可降解的材质仍被众多环保人士所推崇。

此外，塑料、陶瓷等常规质地的花盆，被加工成仿钢质、仿竹质等等，起到意想不到的效果。例如来自德国的蕾秀花盆，虽为轻 PP 材质，但经过烤漆工艺处理，彰显出的金属色泽，倍增华贵感，已成为高档场所植物设计中不可忽略的要素。

外形

SHAPE

本来花盆的外形不外乎常见的几种，但现今，花盆自身的功能性被扩大和丰富化，所以在外形设计方面也有诸多别出心裁，造型也越来越有个性。

其实，平淡的生活只需要稍动心思，快乐就可随处采撷，优秀的设计师经常会为我们提供这样的源泉。例如超大的茶杯花盆，里面种满了蔬菜和植物，当你见到它时，是否会让你联想起儿时读过的“爱丽丝漫游仙境”呢？

应用

APPLICATION

以往，大家把花盆的功能主要定位在“种花的容器”，其实，随着消费者对家居装饰认知的不断地加深，对个性的追求，花盆的功能定位也日渐发生了转变。它不仅用来种植植物，使其更加漂亮，其本身也可作为装饰品。例如在家居展示柜中，一个精致典雅的花盆，完全可以不种植任何植物，堂而皇之地陈列在那里，这时，花盆承担的是一件艺术品或装饰品的职责。这一应用趋势在近些年愈发明显。

对于喜欢探索一点新鲜和趣味的人来说，小小花盆还可以作为收纳杂物的小容器，可以让收纳变得更加多姿多彩。

曾有人探讨:“什么才是好的设计？”仅仅是炫目的色彩、奇异的造型么？于今天看来这些仅是一方面，使用方便、能够带来愉悦的心情、满足想象力、有利于健康，这才是设计的核心。未来花盆的设计也正趋于此。

文中盆器由浙江虹越花卉公司提供。

网址：http://hong-an.taobao.com　　http://www.4001890001.com

ALLIUM
SILICUM

MY BALCONY VEGETABLE GARDEN

我家菜园在阳台

赵芳儿 文

最初爱上种菜是因为心里一直都有一个田园梦——一块几丈见方的菜园，里面种着自己爱吃的蔬菜：藤蔓的扁豆、黄瓜，红的辣椒、西红柿，紫的茄子、绿的白菜……每天早晨推开窗户，就能闻到从菜园里飘来的瓜果香；即使锅里正烧着菜，现采几棵小葱来调味也来得及。但生活在北京这个土地比金子还贵的城市，要实现这样的田园梦犹如扯着自己的头发离开地球一样不现实。

怀上宝宝之后，电视节目里“染色馒头、农药残留污染”等一系列触目惊心的新闻事件触动着我的神经，让这个梦想又一次不可抑制地在心里疯长，于是我打起了阳台的主意，我要把阳台变成宝宝的菜园，种没有农药的蔬菜给他吃，一定！

绿叶菜最容易受农药的污染，那就先从绿叶菜开始吧。买了本种菜的书，还从网上买来长方形的菜盆、土壤和种子，“掌柜的”想得很周到，还配好了种菜要用到的手套、铲子等工具，两天后快递就很热情地送到家，本来以为很费劲的准备工作，没想到很轻松就搞定。

首先种的是小白菜、香菜和菠菜，按照书上介绍的方法播好种后，我便开始了很漫长的等待，一日看三回，到第四天的时候，终于看见白菜盆里有黄黄的、嫩嫩的芽嘴钻出土来，哈哈，那个兴奋啊！

十多天过去后，白菜越长越大，香菜也陆陆续续开始发芽，只有菠菜不见动静，朋友给我推荐了一个种菜的QQ群，结果群里的“菜友”告诉我，菠菜种子要先在水里浸一下，然后放在冰箱，3天后再播种，不用覆土，只需要将尖的一头摁入土里，而我在播种时没有经过这些处理，导致了最后失败，抓狂。

待白菜长到4片叶的时候，菜盆里已经呈现郁郁葱葱的一片，阳台上也变得生机盎然，眼看着菜盆里一天天拥挤起来，我挑了其中一些健壮的，移栽到种菠菜的盆里，之后隔几天间一次苗，保证菜儿们有足够的生长空间。间出的苗我给宝宝做成蔬菜肉丸汤，看着宝宝一勺一勺吃掉我亲手种的蔬菜，真的好幸福。

如今儿子已经快四岁了，我的菜园也越来越成规模，种菜的种类也越来越多，去年还尝试了种植难度很高的南瓜，放空调的几个小阳台也都被改造成种菜的空间。已经有几年“菜龄”的我，现在也积累了很多实用经验，比如绿叶菜播种时应该密，叶子长出来后可以间苗，边间边吃，产菜量大，节省空间，瓜果类根系深，要用深一点、大一点的容器种。

家里现在基本上不用买绿叶菜，阳台菜园能自给自足。儿子也成长为妈妈的好帮手，了解了很多种菜的知识，最积极的就是尿尿施肥，每天早晨他不愿意起床时，只要拿来浇菜的水壶说，“快起床，给菜菜施肥了”，他就会一骨碌爬起来，把他攒了一夜的“肥料”尿到水壶里，再浇到菜盆里，乐此不疲。一次，老公催他去厕所尿尿，他说，先不尿，攒着浇菜，全家狂乐。自从有了阳台上的菜园，做饭时经常能听到这样的大呼小叫：“老婆，快去采两棵葱，要出锅了”；“儿子，快去阳台给爸爸扯棵大蒜”。

种菜，种下的是菜，收获的是快乐！

本文图片由ABZ公司、浙江虹越花卉有限公司，以及刘晓霞、赵芳儿提供。

LEARN ABOUT

PLANTING VEGETABLES FROM A GARDEN GURU

达人话种菜

管理要点

番茄喜温喜光，生长适温为15~25℃；怕冷而不耐热，高温时应遮阴避免暴晒。若植株较高大或果实较重时，最好用竹竿或木棍等加以支撑，小型品种一般不需要。

采收方法

果实成熟时随时采摘，一般整个果实完全变红或黄色时即成熟，因品种不同，果实颜色有差异。

番　茄

TOMATO

种植方式

播种前应用热水浸泡法对种子进行消毒，然后用清水洗净，包在湿布中保持25~30℃的温度进行催芽，当有2/3以上种子露白时进行播种。一般用撒播法，覆土约1cm。当温度为20~25℃时，3~5天便可发芽。

苗期容易徒长，植株长出两三片真叶时假植一次，可移入穴盆或塑料杯中，也可间距约5cm。

植株长出4~6片真叶时定植，浇透水，成活后即可正常管理。

管理要点

番茄不甚耐旱，生长期必须注意控制水分均衡，保持土壤湿润即可，不能时多时少，否则果实容易开裂。准备采收果实前，应适当减少浇水。

避免施氮肥过多而难以开花。番茄属自花授粉植物，若开花却不结果，应进行人工授粉，用干净毛笔轻扫花药即可。结果初期，施用腐熟有机肥一次，以磷钾肥为主，以后每采收一次则施肥一次。结果过多时，应该进行疏果，一般每穗留4~6个果。

韭　菜

CHINESE CHIVE

种植方式

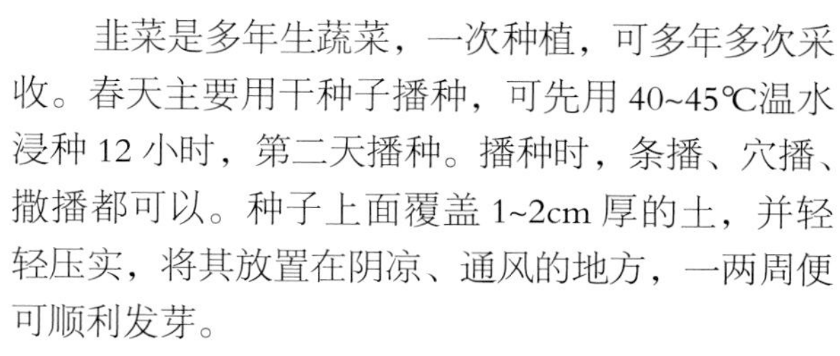

韭菜是多年生蔬菜，一次种植，可多年多次采收。春天主要用干种子播种，可先用40~45℃温水浸种12小时，第二天播种。播种时，条播、穴播、撒播都可以。种子上面覆盖1~2cm厚的土，并轻轻压实，将其放置在阴凉、通风的地方，一两周便可顺利发芽。

如果没有浸种直接种，盖土后应立即浇透水，发芽前每两三天浇一次水，保持土壤湿润，但别浇水太多，等苗出齐。

每株苗有八九片叶子时即可定植。定植前一天浇透水，使土壤松软，在傍晚或阴天时进行。先将苗连土挖出，轻抖去掉大块泥土，分成10株一份，可将叶子剪到约5cm，按株距10cm挖小穴种下，深度以不埋住分节为宜。定植后浇透水，待根长出后即可正常管理。

用韭菜根栽种就比较方便，将一年以上的韭菜苗插到花盆里，每丛3~5株，要有一定的距离间隔，然后覆上一层薄薄的土，浇上水就可以了。第一次浇水一定要浇透，接下来的几天可以视土壤的干燥程度浇水，土壤保持稍微湿润就可以。

管理要点

韭菜苗高 9~11cm 时，施一次腐熟有机肥；苗高 14~6cm 时，再施一次腐熟有机肥。应秉持施薄肥、勤施肥的原则，所用肥料以氮肥、磷肥为主，每收割一次就加施一次。

苗高 20cm 前，每周浇水一次，盆保持透水，别积水。

越冬时，进行根部培土一次，将向外张开的叶子合拢再培土，厚度为 2~3cm；每两三年换土一次，冬季休眠时进行，将菜根中间的旧土除去，去掉枯根后再合拢根系种植。同时，土壤中可以加入草木灰防止生虫。

采收方法

韭菜一般 15 天割一次，一年可以割 20 次左右。割韭菜要在早晨或者傍晚时进行，要用快刀平泥割。割时，要按先后顺序排着割，割后松土，把旁边的细土扒一点盖到韭菜桩子上，过一两天后施一次肥。

黄 瓜

CUCUMBER

种植方式

播种前，用 50~55℃温开水烫种消毒 10 分钟，不断搅拌以防烫伤。然后用约 30℃温水浸种 4~6 小时，搓洗干净，涝起沥干，在 28~30℃的恒温箱或温暖处保湿催芽，20 小时后便开始发芽。

小苗长出两片真叶时定植，于晴天傍晚进行，要注意保护根系，起苗前淋透水，起苗时按顺序，做到带土定植，以防伤根。

管理要点

黄瓜对基肥反应良好，植株长出两三片真叶时开始追肥。黄瓜根的吸收力弱，对高浓度肥料反应敏感，追肥应以“勤施、薄施”为原则，每隔 6 ～ 8 天追肥一次。

春黄瓜，苗期要控制水分。开花结果期需水量最多，晴天一般一天淋水一次。

一般卷须出现时，应插竹搭架引蔓。在卷须出现后开始，每隔三四天引蔓一次，使植株分布均匀，于晴天傍晚进行。黄瓜是否整枝依品种而定，主蔓结果的一般不用整枝；主侧蔓结果或侧蔓结果的要摘顶整枝，一般 8 节以下侧蔓全部剪除，9 节以上侧枝留 3 节后摘顶，主蔓约 30 节摘顶。

卷须出现时结合中耕除草培土培肥，采收第一批瓜后再培土培肥一次。

采收方法

春季黄瓜从定植至初收约 55 天，开花 10 天左右便可采收，即黄瓜皮色从暗绿变为鲜绿有光泽、花瓣不脱落时采收为佳。

辣 椒

HOT PEPPER

种植方式

辣椒可撒播或点播以后育苗移栽。最好先对种子进行消毒，再用 50℃左右的温水浸种 15 分钟，然后用 0.1% 高锰酸钾溶液浸泡约 20 分钟，用清水净后播种。

种植方式

土壤浇透水后，将种子撒播于土面，若点播则每穴放两三粒种子，覆土约 1cm，保持土壤湿润。当温度为 25~30℃时，3~5 天便可发芽；如果气温低于 15℃，种子就难以发芽。

苗期要注意控制水分，以免植株徒长，一般不干则不浇水。当植株长出 8~10 片真叶时，选温暖的晴天下午进行移栽定植，尽量多带泥土，每盆 1 株，种植深度以子叶齐土为宜，并浇透水，成活后正常管理。

管理要点

株高 30cm 以上时及时设立支架，将主干用绳子固定在竹竿上。当主干顶端开始分叉时可进行修剪。尖椒类一般将分叉以下的侧枝全部摘除；甜椒类保留分叉和第一侧枝，其下部侧枝都要摘除。

辣椒喜中等强度的光照，夏季暴晒时要适当遮阴，避免灼伤。南方地区在夏季后可对植株进行修剪，并适当施肥，以促使萌发新枝。

所用肥料的氮、磷、钾比例以 1 ： 0.5 ： 1 为好，宜施完全肥，可每 7~10 天追施一次腐熟有机肥，浓度不宜过大。苗期需要较多氮肥，开花及结果时需要较多磷钾肥，氮肥过多则易落花。

辣椒较耐旱而不耐涝，忌积水。开花前可适当控水以免徒长，结果期需要较多水分，应避免干旱。

采收方法

一般花谢后两三周，果实充分膨大、色泽青绿时就可采收，也可在果实变黄或红色成熟时再采摘。注意尽量分多次采摘，连果柄一起摘下，留较多果实在植株上，可提高产量。

空心菜

WATER SPINACH

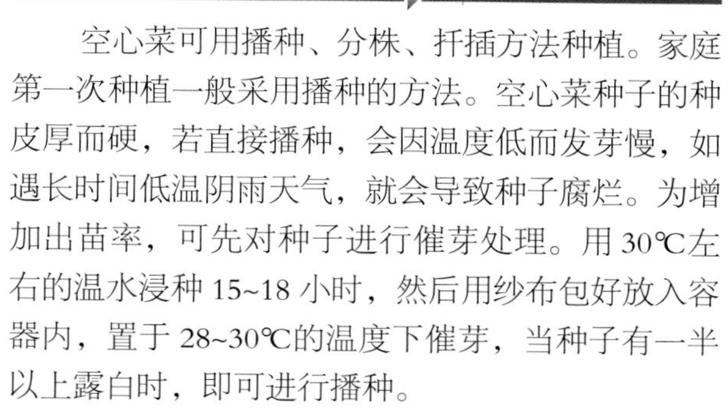

种植方式

空心菜可用播种、分株、扦插方法种植。家庭第一次种植一般采用播种的方法。空心菜种子的种皮厚而硬，若直接播种，会因温度低而发芽慢，如遇长时间低温阴雨天气，就会导致种子腐烂。为增加出苗率，可先对种子进行催芽处理。用 30℃左右的温水浸种 15~18 小时，然后用纱布包好放入容器内，置于 28~30℃的温度下催芽，当种子有一半以上露白时，即可进行播种。

空心菜多撒播，撒播后用培养土覆盖 1cm 厚左右。播种后保温、保湿，一般两三天就可出苗。空心菜生长期间会从侧面生出新的分蘖，将新的蘖株小心带根拔出，另行栽种即可。另外，也可在生长期间摘取长 15cm 左右的顶梢扦插繁殖，只要土壤湿度适宜，插梢就会很快长出不定根，并抽出新梢。播种苗要不断间苗，最后定苗的行株距为 25cm × 20cm。

管理要点

空心菜喜爱温暖潮湿的气候，生长适温在 25~32℃之间，喜欢在日照充足的环境中生长，生长期间需要较多的水分。空心菜对土壤条件要求不严，除土壤旱植外，还可水植，即将秧苗定植在浅水层的烂泥中，也要露出水面。夏季气温高，植株生长快，需肥需水量大，旱栽要勤浇水，浇大水，并结合浇水进行追肥。底肥以有机肥、磷肥为主，可撒施一定量的草木灰。另外，对侧枝发生过多、枝条拥挤而细弱的部分要进行疏枝，使枝条生长均衡，通风透光良好，提高产品品质。

采收方法

空心菜播种或扦插后，经过 20~25 天就可以采收。采收时可连根拔起，去除根部后食用；也可保留根部，使用剪刀剪除，保留约 3cm 的茎部，两星期后又可采收。如此循环，采收可达 5 次以上，然后拔除重新栽种。

茄　子

EGGPLANT

种植方式

可直接播下买来的种子，也可将种子用 50~55℃的温水浸种 15 分钟，然后在清水中浸泡 10~12 小时，待种子吸水膨胀后，捞出沥干再播种。

播前将已经备好的营养土装入盆内，距离盆沿 3~4cm，将营养土浇透，待土壤稍干后，将种子或浸泡好的种子播于容器内，间隔 10~12cm 为宜，播后覆盖一层 1cm 的细土。

播种后，适宜日温为 25~30℃，夜温为 14~22℃；苗出齐后，适宜昼温为 20~26℃，夜温为 3~4℃。

种植方式

植株长出三四片叶子时即可入盆。入盆前，先将花盆洗净，盆底孔放置瓦片或填塞尼龙纱，装入盆土，离盆沿 3~4cm，并在中间挖一个 5~6cm 见方的坑。用园艺铲在原盆小苗根系周围 5cm 的位置将小苗挖出，栽入已经准备好的花盆中，栽植深度比原来土坨稍深点为宜。把苗坨埋好后浇足水。

苗期保持土壤湿润即可，当植株长出五六片真叶时定植，一般每盆 1 棵。

管理要点

茄子喜光照，要求通风透光，较耐连作；生长适温为 25~30℃，如果温度低于 5℃，植株就会受冻。

株高 30cm 以上时，追施一次腐熟有机肥；其后视长势施肥，每月施肥一次；开花至挂果时增加施肥次数，每 10 天施用一次，以磷钾肥为主；每次采收后要施肥一次。生长期应一直使用有机肥，花生麸效果最佳。

茄子喜欢温暖湿润的环境，生长期早晚浇水两次，高温干旱时每天应浇水两三次。如发现叶片萎蔫，应及时喷叶面水和浇水。浇过水后待土壤不黏时，用小耙松松土。

植株挂果较多时，应进行疏除，一般每株以不超过 40 个为宜，最好让果实自然下垂生长。

采收方法

果实饱满、下端成钩状时即可采收。

阳台种菜一点通

对于初次种植蔬菜的菜友来说，种菜可能是件很难的事情，但是只要掌握常见蔬菜的生长习性，如对温度、水分及光照的需求等基本知识和要点，种菜其实很简单，很多蔬菜的生长习性也都是大同小异。在这里，笔者用表格的方式将这些基本知识和要点陈列出来，希望能对菜友们有所帮助。

表1 不同类型的阳台适合种植的蔬菜类型

阳台封闭	特点	阳台朝向	特点	适宜种植的蔬菜
全封闭	所受温度限制较小，可选择的蔬菜范围也比较广，基本一年四季都可栽种蔬菜。	南	全日照，阳光充足、通风良好，是最理想的种菜阳台。几乎所有蔬菜一年四季均可种植。	如黄瓜、苦瓜、番茄、菜豆、金针菜、番杏、芥菜、西葫芦、青椒、莴苣、韭菜等。
		北	朝北阳台全天几乎没有太阳， 选择范围小，应选择耐阴的蔬菜种植。	如莴苣、韭菜、空心菜、木耳菜等。
		东西	半日照，适宜种植喜光耐阴蔬菜。朝西阳台夏季西晒时可在阳台角隅栽植蔓性、耐高温的蔬菜或做遮光保护。	如洋葱、油麦菜、小油菜、韭菜、丝瓜、香菜、萝卜等。
半封闭或未封闭	冬季温度较低，一般不易在冬天栽种蔬菜，夏天太阳直射导致温度过高，也要注意遮光保护蔬菜。	南	全日照，阳光充足、通风良好，是最理想的种菜阳台。几乎所有蔬菜一年四季均可种植。	如黄瓜、苦瓜、番茄、菜豆、金针菜、番杏、芥菜、西葫芦、青椒、莴苣、韭菜等。
		北	朝北阳台全天几乎没有太阳， 选择范围小，应选择耐阴的蔬菜种植。	如莴苣、韭菜、空心菜、木耳菜等。
		东西	半日照，适宜种植喜光耐阴蔬菜。朝西阳台夏季西晒时可在阳台角隅栽植蔓性耐高温的蔬菜或做遮光保护。	如洋葱、油麦菜、小油菜、韭菜、丝瓜、香菜、萝卜等。

表2 常见蔬菜生长习性及种植要点

序号	蔬菜名称	种植时段	浸种时长（小时）	采收时间（天）	发芽适温（℃）	生长适温（℃）	定植时期
1	番茄	2~8月	10~14	100~180	20~30	15~30	4~5片真叶
2	香葱	春秋季	直播	30~80	13~20	18~23	
3	樱桃番茄	2~8月	10~14	90~180	25~32	24~31	4~5片真叶
4	辣椒	2~6月	12~14	90~120	25~30	18~35	3~5片真叶
5	灯笼椒	2~6月	10~14	90~180	25~30	20~25	3~4片真叶
6	五彩椒	2~6月	10~14	90~180	25~32	15~25	3~4片真叶
7	茄子	2~6月	24~36	120~150	28~30	25~30	2~3片真叶

（续）

序号	蔬菜名称	种植时段	浸种时长（小时）	采收时间（天）	发芽适温（℃）	生长适温（℃）	定植时期
8	黄瓜	2~9月	18~24	50~130	25~30	21~28	2~4片真叶
9	丝瓜	3~4月	18~24	90~120	25~28	23~30	2~4片真叶
10	苦瓜	2~4月	18~24	80~150	25~30	20~30	2~4片真叶
11	西葫芦	2~3月	18~24	70~120	25~30	21~28	2~4片真叶
12	香菜	四季	18~24	60~90	4~15	17~20	
13	芹菜	秋、冬季	18~24	约80	4~15	15~20	2~3片真叶
14	小白菜	四季、春秋最佳	5~8	30~60	20~25	15~20	
15	菜心	1~3，9~11月	5~8	50~60	25~28	20~25	
16	瓢儿白菜	9~11月	5~8	50~60	25~28	15~25	3~4片真叶
17	樱桃萝卜	秋、冬季	5~8	约40	10~20	8~20	
18	菠菜	秋、冬季	10~14	60~70	15~20	20左右	2~4片真叶

菜友问答

番茄只长高不结果咋办？

山东小菜：

请教一下，为什么我种的番茄只长高，不长叶子啊，两边的叶子非常少，只拼命地往高处长。谁知道怎么回事啊？

厦门农夫：

会不会花盆摆的地方阳光不够。

山东小菜：

我阳台上平均日照在 5 个小时。

厦门农夫：

种了多久？可以用土把根部盖一点土，让根深一点，这样可以让根多吸收养分。

山东小菜：

已经种了四个月了，按理说都可以结果了，但到现在只长茎，我把顶剪了又长起来了。

厦门农夫：

你家是封闭阳台吧？

山东小菜：

是的，阳台用玻璃封起来的，但是阳光能照进来。

厦门农夫：

问题就在这里，阳台不透风，光照时间也偏少，落地的玻璃阳台太阳照着温度高，容易导致菜徒长。多通通风应该会好的。

山东小菜：

谢谢农夫，我试试。

阳台种菜用什么容器好?

开心：

我去年买的 3 个圆塑料盆、6 个条盆，已经坏了 4 个了，太阳一晒就脆，等 1 年后移动的时候就裂开了，什么容器比较结实耐用呢?

苏州墨鱼：

是啊，我也有这问题，一般的塑料盆只能用一年，好一点的也就用个两三年，真是划不来。如果有合适的花盆能用个十年八年的，贵 10 倍也没问题。

杨柳依依：

看来泡沫箱最经济实惠了。

苏州墨鱼：

泡沫箱很耐晒，就是不耐挤压碰撞。

长沙我种我快乐：

那用木箱呢?

杨柳依依：

木箱当然好了，但成本略高，防腐木还含毒性物质。

北京鹰击长空：

看来还是先用泡沫箱，真培养出兴趣再说，泡沫箱哪里买啊?

杨柳依依：

水果店、农贸市场、水产店都有这个，找他们买，几块钱一个。

长沙我种我快乐：

如果是大露台、天台，就要好好规划一下，我有个朋友就是用砖头、水泥专门做的种植槽。

封闭式阳台种菜（比如黄瓜）的授粉问题怎么解决?

北京种菜人：

求救求救，我家是封闭式阳台，种的黄瓜只开花不结果，原来是没有蜜蜂授粉啊，咋办咋办啦?

寿光苗儿：

人工授粉。

北京种菜人：

咋授啊?

寿光苗儿：

拿毛笔在正开放的花朵上轻轻蘸，每一朵都蘸到，就可以了。

北京种菜人：

这么简单呢，哈哈，谢啦!

DELICIOUS FLOWERS

花儿养眼更养胃

雨后莲花 文/图

花儿养眼、养颜，但花儿的功能远不止如此，很多花儿还有营养、药用价值，能食用，是养生的佳品。吃花，古今中外都有这种习俗，如今更成为一种追求天然、绿色和健康的饮食潮流，尤以菊花、荷花、松花、槐花为主的花卉被摆上了餐桌。

现在云南菜中的玫瑰花凉拌豆腐、清炒洱海的海菜花、腊肉炒棠梨花都是经典。粤菜、鲁菜中都有用鲜花做成的菜肴，甚至还有尝试“百花争宴”来吸引顾客，西溪湿地烟水渔庄厨房去年精心研制鲜花菜品，所有的菜品都由鲜花烹饪而成，选用40多种可食用鲜花通过烹、炒、炖、拌、蒸等烹饪方法，结合养生理念精心设计出各式冷菜、热菜和点心，备受顾客推崇。在广东粤菜中，很多大厨都有鲜花融入菜肴的创意，笔者有幸欣赏了海湾一品的米其林大厨麦师傅创意的鲜花入馔菜式，特别与大家分享。

桂花红莲炖银耳

先泡发银耳和红莲 2 小时，再将其和红枣、冰糖、大半锅水一起放在砂锅里炖上 1 小时，直到莲子和银耳软烂就可以了。差不多起锅时，上面撒些许桂花，有一股浓郁的桂花香味，口感软糯，汤水清润。

银耳，又名雪耳。它被人们誉为“菌中之王”，特点是滋润而不腻滞。具有补脾开胃、益气清肠、安眠健胃、补脑、养阴清热、润燥的功效。白木耳富有天然植物性胶质，具有滋阴作用，红莲益气补血，是女人长期的一款滋补糖水呢。

玫瑰纸包香麻豆腐

这款菜式简单易做，先选好纸包豆腐一块，新鲜玫瑰花瓣数朵切丝，两根葱切成碧绿葱花，洒在豆腐上，红绿搭配非常抢眼，然后淋上上好的麻油一匙和数滴花椒油，用花瓣装饰摆盘，最后插上一把薄荷叶，就成了一道风味独特、品相俱佳的玫瑰豆腐。

这款菜看看似简单，吃起来却独具风味，清爽的豆腐夹杂着浓郁的芝麻香味混合着花椒油的麻酥，无不在撩拨着你的舌头，令你欲罢不能，一口气吃完。

菊花凤尾虾

这是一款大菜，选择新鲜活的桂虾半斤，芥兰菜杆数颗作为辅菜，在加上白菊花瓣数朵。桂虾剥壳留尾，用橄榄油清炒几分钟，快熟时，放入白菊，一股鲜润的清香扑鼻而来，桂虾弯弯的曲线，造型很优美，最后用芥兰梗围边装饰。

1. 我国至少有 160 多种鲜花可食，常见也有二三十种，如玫瑰、荷花、牡丹、百合、菊花、桂花、梅花、兰花、蜡梅花等。

2. 鲜花食用方法甚多，可做糕点、煲粥、制茶、酿酒、做菜肴等。中餐菜系中有桃花凤尾虾、菊花龙凤骨、雪露玫瑰、兰花玉兔、芙蓉鸡片、桂花丸子、茉莉花汤等数不胜数，备受青睐。

3. 鲜花普遍具有少量的毒性，要弄明白可食用的鲜花品种和鲜花的习性，再在家中以鲜花入菜，以确保安全。同时，以鲜花入馔，烹饪应以清淡为主，不宜煎炸，也不宜放过多的调料，尽量保持花本身的色香味。

4. 具备药用的鲜花：兰花高雅秀逸，芳香清远，可清除肺热、通九窍、利关节；菊花能安肠胃、利血气、明目养颜；茉莉花长发养肌、清热解表；玫瑰花活血理气，驻人容颜；梨花润肺清心、清热化痰；栀子花清肺凉血、消肿止痛；芍药花能行血中气、治痢止痛；金银花清热解毒、通经活络、养血止渴；月季花能升清降浊、消肿疗疮。常食就有罗瓜花、金瓜花、桂花、鸡冠花、野生栀子花、兰花、菊花、旱金莲等。

Rene在准备制作BBQ

AUSTRALIAN FAMILY

BBQ LIFE
澳大利亚家庭的BBQ生活

大树莲花 文/图

我初到澳大利亚，便注意到这样一种现象，但凡草坪宽阔、林木繁茂的郊区公园都设有户外烧烤（BBQ）——当地市政部门在适当的地点建有一些简易的小亭子，里面则分别安放木桌木凳、电动烧烤机，以供游客免费烧烤自己带来的食物。澳大利亚人特别喜欢户外活动，户外烧烤便是伴随这项活动出现的一种野餐形式，它既可以一家人独自享用，也可以几家人联合“派对”，实为澳大利亚人休闲的一大景观。

几乎所有的食物好像都可用于烧烤，有猪排、牛排、羊排、肉肠、鸡翅、鸡腿、鱼块、大虾等肉类海鲜，也有土豆、洋葱、蘑菇、蔬菜等素食。食用时再配上面包、沙拉、青菜、水果、甜点等小食，大家一边喝着红酒、啤酒、汽水等各种饮料，一边欣赏花园户外美景，一边聊天叙旧。

澳大利亚所有的食品超市都出售BBQ食物，肉块被分割成适合烤制的大小，未腌制的、腌制好、新鲜的、半生的、完全烤好只需加热一下的应有尽有。几乎家家都备有烧烤用的台子或炉子，值得一提的是，一般烧烤的大厨都是男主人亲手烤的，女主人将它们切好，放在盘子中，大家自己取用，就像吃自助餐一样，很随意轻松。

上个月带妈妈、儿子去我们的好朋友、知名摄影家Rene家做客。Rene也充分地显露他的烧烤技艺。他在花园里支了一个电烤炉，给我们烤的是三文鱼，用了横纹的烤盘，使得三文鱼扒很有BBQ的纹理，三文鱼差不多好时，往烤炉里加了洋葱、辣椒、黄色的蔬菜、芦笋等，颜色搭配得特别美，真是成了一道艺术烧烤大餐。我们还在花园里一边喝着啤酒，一边聊大天，每人品尝了一大块三文鱼，肉质好嫩，好不惬意！结果不用猜，大家把三文鱼烧烤一扫而空，足见Rene烧烤的功力！

澳大利亚人最爱烤鸡翅和香肠

烤大虾要两面翻转

烤好的BBQ三文鱼

美味BBQ完成了！

TIPS 1

带去户外烧烤的都是“半成品”食物，并且预先在家里进行过初加工：将超市买回的新鲜猪排、牛排、羊排、海鲜之类适合烧烤的食物洗净、切好，然后按照自家的口味调制作料，再将作料倒入食物中拌匀，装盒后放进冰箱里腌渍一夜。

妹妹在打下手

三文鱼配蔬菜BBQ

TIPS 2

第二天，再将腌渍入味的食物连盒装进专用的手提式冰盒。调制作料可是一道最关键的程序。国内朋友作料多用酱油、盐、豆瓣、糖、醋、姜、葱、蒜、味精、料酒等，而澳大利亚的烧烤食物一般是原味的，通常烤得比较焦些，味道不够再撒胡椒和盐。

TIPS3

美味烧烤的诀窍：先烤难熟的食物，再烤容易熟的食物。先肉类，再蔬菜。要注意火候，不断翻转食物，以免烤至焦黑。

完成后装盘

TIPS4

吃烧烤食物，一定要配冰冻饮料和啤酒等，海鲜可配白酒，红肉配些红葡萄酒，吃起来别有风味。

我先把BBQ实物腌制一晚

许多澳大利亚人家庭都在户外设有餐椅，享受BBQ

ENVIRONMENTAL PEST CONTROL MEASURES

杀虫防病　招式环保不留毒

由于品种繁杂、空间狭小，家庭养花更易引起病虫害发生，常规的喷药防治虽然有较好的效果，但由于离人的起居太近，弄不好会出现中毒事故。所以，防治病虫害时必须有环保意识，花友可以自制土药剂，来达到两全齐美的效果。在此，介绍一些简单可行的方法供大家参考。

1 肥皂

用中性皂液按 1:150 的比例配成溶液，然后喷洒受害花木，每隔 5 天喷一次，连续喷施两三次，对防治蚜虫、红蜘蛛、白粉虱、介壳虫有较好的效果。

2 烟蒂

用吸剩的香烟头或烟丝、烟叶梗用热水浸泡一两天，可杀死蚜虫、红蜘蛛、地老虎等。

3 酒精

用酒精反复轻擦兰花叶，能将上面的介壳虫除掉。

4 大蒜

取紫皮大蒜 0.5kg，加水少许浸泡片刻，捣碎取汁液，加水稀释 10 倍，立即喷雾，可防治蚜虫、红蜘蛛、介壳虫若虫；将大蒜汁液浇入盆土中，可防治盆栽花卉的线虫、蚯蚓等。

5 小苏打

喷施浓度为 0.1% 的小苏打液，可防治月季、菊花、凤仙花、木芙蓉、瓜叶菊等花卉的白粉病，防治率可达 80% 以上，应隔一星期再复喷一次。

6 食用醋

用棉球蘸食醋，在茶花上轻擦，既杀灭介壳虫，又能使被介壳虫损害过的叶片重新返绿。

7 碘酒

树桩盆景枝干腐烂，可先用碘酒消毒后的刀片刮除树桩上的腐烂部分，然后涂擦碘酒，隔 7～10 天再涂擦一次，便可防止继续腐烂。

8 草木灰

1 份草木灰在 5 份水中浸泡 24 小时，过滤后喷雾。一般每月喷施一次，可防治蚜虫。

9 桃叶

取桃叶0.5kg，加水3kg煮沸30分钟，过滤后喷洒，可防治蚜虫、尺蠖及软体害虫；将桃叶晒干，研成粉末施入苗圃中，可有效防治蝼蛄、蛴螬等地下害虫。

10 辣椒

取干辣椒50g，加清水1kg煮沸10~20分钟，过滤后取其清液喷洒，可防蚜虫、白粉虱、红蜘蛛等害虫。

11 花椒

取花椒1份，加5~10倍水熬成原液，过滤后再加10倍水喷洒，可防治蚜虫、粉虱、叶蝉。

12 韭菜

韭菜500g捣烂，加水1.25kg，浸泡一昼夜后过滤，取上清液隔日连续喷施3次，可防治蚜虫、红蜘蛛等虫害，对蚜虫更有效。

13 洋葱

用20g洋葱鳞瓣浸入1kg水中，浸泡24小时后即可用，1周内连续喷施两三次。为使有效成分充分析出，可切碎或捣碎后浸泡，使用前需过滤。可防治蚜虫、红蜘蛛等虫害，对蚜虫更有效。

14 洗涤剂

用一匙洗涤剂与4升水搅拌均匀，喷洒在叶子上，每隔5~7天喷施一次，可有效杀灭白蝇。

15 面粉

盆花出现病虫害，可取少量面粉，用冷水冲调成糊状，再用适量开水冲熟，配成1:50的溶液，在晴天喷洒，会有良好效果。

16 氨水

木本花卉常受到天牛、吉丁虫的危害，严重的可导致枝干被蛀空。向蛀空处注射20%浓度的氨水20~30毫升，然后用黏土或蜡密封蛀孔，就可杀死幼虫。

17 鲜姜

将鲜姜捣烂榨出汁液，加水20~25倍喷雾，能抑制腐烂病、煤污病及其他病菌孢子的萌发。

18 牛奶

花的茎叶上常附有壁虱，此虫能引起枝叶变色和枯萎。可用半杯鲜牛奶、4杯面粉加20升水搅拌，然后用纱布过滤，把液体喷洒在花的枝叶上，不仅能杀死壁虱，还可以杀死虫卵。

19 西瓜皮

将西瓜皮扣在盆土上，可以4天不用浇水，而且其能成为盆花的好养料。如在西瓜内放上几个香烟头，烟汁可渗进盆土内，一般的小虫都能被杀死。

20 大葱

将葱的外皮、叶捣碎，加水10倍浸泡数小时过滤后喷洒，可以防治蚜虫、软体害虫，并能抑制白粉病蔓延。

此外，除蟑螂、灭蚊蝇的灭害净也是家庭养花较理想的杀虫剂，且对人体无害，对大多数植物也没有药害产生。用灭害净能一次杀死蚜虫、红蜘蛛、刺娥等多种害虫，对各种介壳虫只要隔上三五天重复喷施，也可彻底消除。

THE FLOWERING BULBS OF FILOLI

费罗丽庄园的球根季节

玛格丽特 文/图

去美国旅行，出发前，博友菜丸子给我推荐了一个地方——费罗丽庄园(Filoli)。其实在去这个庄园前我真还犹豫了一下，花园最美的季节要到 4 月底和 5 月份，3 月初，也就是些球根在开花，不外乎是郁金香、风信子、水仙等。还要收门票，还要专门跑过去。我很怕自己会失望。

然而，一个好的花园，每个季节都能展示不同的美，费罗丽庄园就是！

TULIP 郁金香

PROTAGONIST

郁金香在这个季节是最美的主角，本来在我的想象中，会是大片的群植令人震撼的郁金香。然而，庄园里的郁金香并不多，只是东一丛西一丛地，在房子周边、在花池边、在座椅旁非常协调地摆放着，把花园映衬得更美。在这里，整个花园才是主角，因各类花卉的装点雍容华丽。当然，这些美丽的郁金香，在我的眼里，我的镜头里，它们是永远的主角。

郁金香是春季花园最佳的装饰品，郁金香是球根花卉，买来种球根据生长时间选最合适时间播下，春季就能收获满园春色了。（关于郁金香的栽培、养护、购买窍门，见 p100。）

TULIP 洋水仙

在修剪整齐的绿篱和草坪之间，种植的带状洋水仙，宛若花边一般镶嵌于绿色之中，张扬但不俗气。

洋水仙开得绚烂无比，与郁金香各逞芳华，将花园装点得华丽迷人。

在石板小路两侧，一盆盆洋水仙恣意怒放，向人们昭示春天的信息。

庄园里还有不少法老级别的多肉植物，让人过足了眼瘾。室内我基本没拍，太不擅长了，反正巨大的庄园，很豪华。前段时间看英剧《唐顿庄园》，能想象出这个庄园主人的生活。不过可惜的是，电视剧里唐顿庄园门口只有巨大的草坪。

CLEMATIS 铁线莲

主角

PROTAGONIST

庄园里还有不少铁线莲，围栏边上都是爬的铁线莲，好粗壮的枝条，好壮实的芽啊！已经有常绿的威灵仙类的“小铁”正在开花，在比较阴凉的地方，和很多巨大的茶花在一起。

优雅的铁线莲，欢快地开放着，极为吸引眼球。

资料链接：

费罗丽庄园（Filoli) 位于旧金山往南 48 公里，最早的主人是 Mr. and Mrs Bourn，在加利福尼亚州淘金矿发财了，于是 1915 年开始建造庄园，1917 年入住。我们现在看到的美不胜收的花园则是从 1917 年开始，一直到 1929 年才正式全部建好。Mr. and Mrs. William P. Roth 是第二任主人，他们在 1937 年接手这个庄园后，一直住到 1975 年把庄园捐献出来。这是一路走来唯一收门票的地方，每个成人 15 美元。

Filoli 这个名称来自于第一任主人的箴言“Fight for a just cause; Love your fellow man; Live a good life.”每句的头两个字母，蛮有意思的。

http://www.filoli.org/ 这个是庄园的网站，介绍非常详细，如果有去旧金山的朋友，千万不要错过这个绝美的庄园哦。

郁金香 TULIP PLANTING Tips

TIPS 1

TULIP PLANTING TIPS

郁金香常见的品种和颜色有哪些，这些品种各有何特点？

品种名（5度）	‘人见人爱’	‘小黑人’	‘夜皇后’	‘金检阅’	‘莫林’	‘检阅’
颜色	红色黄边	紫色	深酱紫色	黄色	白色	红色
图片						
特点	元旦花期，株高50cm，最早种植2012-11-10	元旦花期，株高45cm,最早种植2012-10-25	情人节~3月花期，株高50cm，最早种植2012-12-3	情人节~3月花期，株高55cm，最早种植2012-11-26	情人节-3月花期，株高70cm，最早种植2012-11-26	情人节-3月花期，株高55cm，最早种植2012-12-3

TIPS 2

TULIP PLANTING TIPS

家庭种植的郁金香种球如何挑选，种球如何分级?

发育成熟的郁金香种球，其开花与种球大小有关，种球越大开花率越高。根据郁金香种球直径和周长的大小一般将其分为五级。一级，直径3.5cm以上，周长12cm以上(开花率95%以上)；二级，直径3.1~3.4cm，周长8.1~11.9cm(开花率60%~80%)；三级，直径2.5~3.0cm，周长6.0~8.0cm；四级，直径1.5~2.4cm，周长3.1~5.9cm；五级，直径1.4cm以下，周长3.0cm以下。家庭种植的郁金香球常选择品质较好的1、2级种球进行培育。3级以下的种球需经过1年的种植即能形成开花的母球。

TIPS 3

TULIP PLANTING TIPS

郁金香种球的价格怎样?

郁金香裸球零售价一般在3元/球左右，因品种不同、规格差异，价格也会有所区别，推荐家庭园艺爱好者购买郁金香9球装或单球精品体验装，种球质量更有保证。

TIPS 4

TULIP PLANTING TIPS

家庭种植郁金香适合播种，栽培要点有哪些(土壤、温度、水分、光照、病害防治等)?

家庭种植郁金香，首先要掌握好种植时间，一般10~12月温度低于10℃时开始下种，来年2~5月可以开花。种植前剥去种球根盘周围的褐色表皮，将种球种植在表层30~40cm疏松的土壤中，确保种球上面覆盖1~2cm的土壤。土壤pH值控制在6~7。种植完成后浇透水，以后见干浇水。通常郁金香不需要施肥，必要时可考虑施一些氮肥。

郁金香常见的病害有软腐病、青霉病、枯萎病、灰霉病、褐斑病、立枯病、盲花、猝倒等。为了预防这些病害的发生，可以在种球种植前对其消毒;生根期(种植后前3周左右时间)内土温控制在9~12℃，土壤要求疏松无菌，排水性能好，最好早晨浇水，相对湿度控制在85%~90%，保持充足空气流动，避免光照。生根期后，植株开始见光，同时保证温度在15~17℃直到开花。

TIPS 5

TULIP PLANTING TIPS

如果我有一个小花园，能帮忙简单给我规划一下，怎么种郁金香么，比如是簇状栽培好，还是条状栽培好，根据郁金香的特点给予推荐?

花园郁金香布置主要通过花色及高矮的搭配、花期的调控、与其他花卉及布景设施的相互呼应来完成。因此郁金香品种分类与选择相当重要。郁金香花色丰富多彩，有红、粉、黄、紫、白，其中红色、黄色是主色，在郁金香花园布置中可占60%。另外，色彩搭配好坏还与植株的高矮有关，一般里层及后部的品种要高，外部及前面的要矮。高的品种一般花朵大而花期长，观赏效果好。同时兼顾花期长短，将早中晚品种搭配好，做到花期既集中又前后呼应。一般早花型的占15%,中花型的占65%,晚花型的占20%。简单来说，只要根据自己的爱好选择花色,注意花期和株高的搭配即可。比如简单地选择红色检阅、黄色金检阅、橙红色中肯三种株高同为55~60cm的同花期品种，采用条状栽培形式种植于自己的小花园内也别有韵味。

TIPS 6

TULIP PLANTING TIPS

如何方便又快捷的购买到质量好的郁金香种球?

想要郁金香在来年开花，一般要在开花的头一年10月份左右购买种球。国内很多花卉市场、花店、网站都能购买到郁金香种球，但为保证质量，购买时一定要选择信誉好、专业而资深的卖家。浙江虹越花卉有限公司是国内家庭园艺花卉种球的最大供应商之一，10年来不断从世界各地进口优质种球，已经形成了销售品牌，在虹越园艺家各直营店、网上商城www.4001890001.com、网店http://hong-an.taobao.com均可预定，通过预定方式的购买价比购买现货更加优惠。

VNDERSTATED LUXURY

低调的奢华

——悉尼海边别墅的花园景观

吴潇 文/图

设计师Chris Miller

设计师简介：

Chris Miller——澳大利亚 Impact Planners Pty Ltd 知名的园林景观设计师和CEO，前澳大利亚园林设计师和管理人员协会主席，有20多年从事花园景观设计的经验。他拥有一整套独特的园林景观设计理念，既有东西文化元素的充分交融，又具有国际化的眼光。他说：“好的园林设计作品是极具个性化的，反映了人的个性和品味。”他始终认为，现代生态住宅应让所有的园林设计围绕房子来做，让室内空间和外部园林环境有机地结合，融为一体。比如园林设计跟建筑的结合采用过渡花园，显得非常自然和人性化，既现代又时尚。城市环境的美化离不开卓越的园林景观设计，它是一个城市文化品味和自然景观的象征。

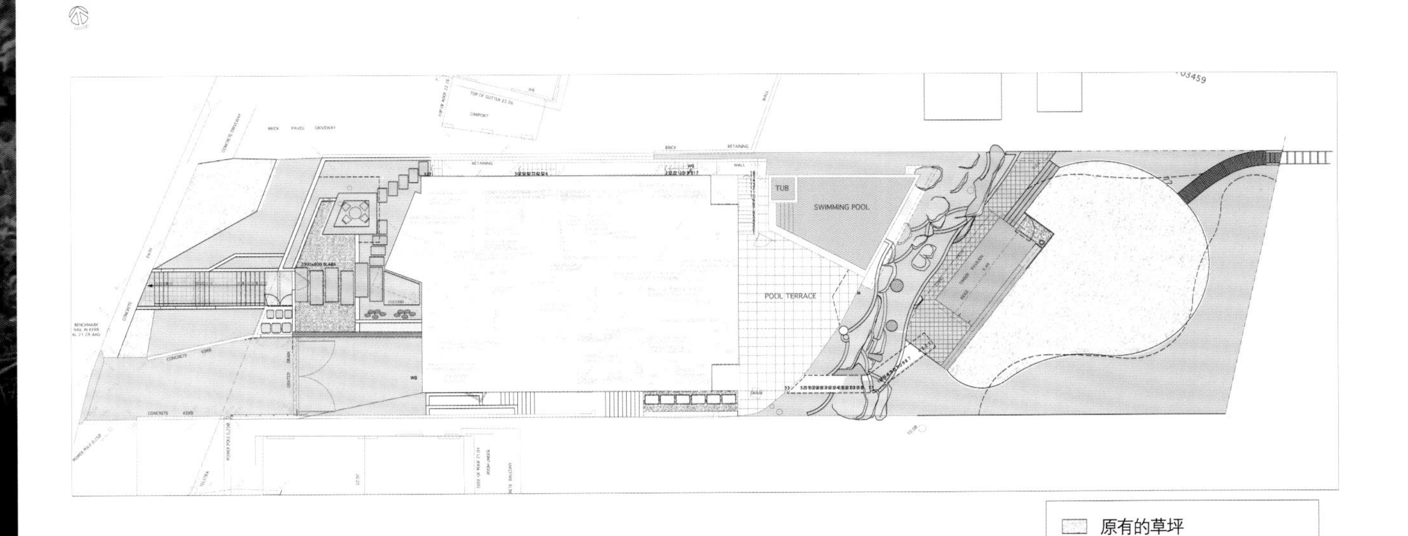

原有的草坪
已种植有植物的花园
砂岩步石
砂岩挡土墙
花岗岩步石

澳大利亚的豪宅大都建在水边，悉尼人热爱大自然，喜欢亲水活动，因而在知名海滩边的别墅价值不菲，而一个设计出色的花园可更令别墅增值。本文介绍的就是悉尼海边一个非常雅致、现代、时尚，以水景为主题的花园。别墅的主人奥托是一位成功商人，也是冲浪高手，为其设计花园的设计师 Chris Miller 也是冲浪好手，因此特别理解主人的需求。

这栋位于海边山崖的别墅有四层，它坐落在悉尼一个著名的冲浪沙滩（Whale Beach）上。低调的奢华——这是整个花园景观留给笔者的最深感受。整栋别墅依山建在陡峭的山坡上，从前面来看，最高层才和街道齐平，与普通的住宅并无不同，显得格外低调；院落里面也没有浮华炫目的装饰，花园的主角是最常见的水和植物。但是就在这样的“平常”背景下，走进去，却让人品出了雅致、现代和时尚。

浅水池边也设置了休闲区，坐在这里，可以听瀑布缓缓流下的潺潺水声和树上的鸟叫声。

前花园——水之舞动

FRONT GARDEN

大海、瀑布、泳池、池塘……以“灵动的水”作为这个别墅花园景观的主题再恰当不过。因为别墅后院直接朝着大海，所以前院的设计也以水景呼应。设计师在前庭院入口打造了一个流动的水幕墙，让它呈网状分流，形成了一道自然的缓缓流下的瀑布，瀑布通过高砌的水幕墙体延伸到门口和整个院子，与整个建筑物融为一体。

设计师还在瀑布下浅浅的池塘中，用步石设计了一条园路，像浮萍一样延伸着瀑布水景，使花园更具亲水性、互动性更强。在步石周围，用了一组 LED 灯来装饰，夜幕降临，水幕和池塘与步石底下的灯光交相辉映，闪烁着璀璨的灯光，装点着令人陶醉的阑珊夜色，坐在花园休闲区的一角，听着潺潺水声和树上鸟儿的悦耳啁鸣声，会让人不自觉地冥想，迷失在“世外桃源”的境地。

别墅前院建在浅水池上的步石，每块步石间都有麦冬装饰，彩色的龙血树非常醒目。

用植物打造澳大利亚地域风情

INDIGENOUS PLANTS

花园中的植物大都是澳大利亚本地的，造型很美，郁郁葱葱。因为海边别墅容易受到海风吹袭，设计师在别墅周围设计了高大和防风的植物。植物类型非常丰富，花园里共运用植物60余种，灌木、乔木、草坪以及地被植物合理搭配，错落有致。前院浅水池边的每组步石都用漂亮的麦冬草装饰和分隔，突出了栽种在中间的龙血树。院落周围分界墙用亚热带植物和棕榈树搭配，拓展了院子的视觉空间。与邻居的分隔墙过道也有精巧的铺地石和植物分隔。

植物造型和色彩也非常活泼，比如：两棵修剪成蘑菇云状的柏树，在水景、瀑布的背景映衬下极具视觉效果；龙血树、炮竹红等色相树和花卉的色彩很跳跃，它们的点缀为花园平添无限风采。

花园的植物大都采用澳大利亚本土的热带植物，很适应海边的气候。

被修剪成蘑菇云状的柏树，极具视觉冲击力。

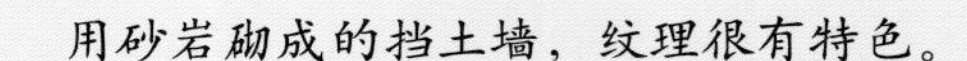

用砂岩砌成的挡土墙，纹理很有特色。

向泳池、沙滩巧妙借景

"BORROW SCENE"

后院水景的设计与前院的瀑布、池塘景观风格则不同，并有一个强烈的对比。后院力求视觉的开阔，方便俯瞰自然海景，所以这一侧的景观设计风格极为简约。在后院的第二层露天平台上，设计师设计了一个泳池，泳池旁边放置了一组休闲椅和餐桌，在这样海天一色的景致中用餐，美妙的感觉溢于言表。平台下的泳池朝向大海自然延伸，泳池边也设计了一个循环的水流，如同一道道叠泉生生不息，与大海相连。

因地制宜，在山崖上砌挡土墙时设计的花池。

别墅依山而建，在山崖上，设计师用砂岩砌成挡土墙，并在其中栽植了植物，可以固土，也让山崖变得更加美丽丰富。

别墅面朝大海，为了一览这一自然风光，设计师对露台设计简约、时尚，不挡视线，在室内也能看大海潮起潮落。

如何将山崖上的别墅建筑与下面的庭院相连，也是设计师重点考虑的方面。以泳池为起点，设计师设计有特色的阶梯，将建筑与山崖下的后庭院自然相连，成为一体。整个山崖崖壁用砂岩错落有致地围砌，形成独具特色的挡土墙，在砌筑挡土墙时，设计师还因地制宜，在山崖上砌筑了花池、树池，里面栽植着花草和植物，既美化挡土墙，树木花草也能起到固土的作用。

泳池边的休闲区，可以日光浴，也可以在此享用美食。

别墅后院有一个小木屋，里面放置别墅主人冲浪的服装、工具，还可以观海景。小木屋外的龙血树，给小屋增添许多风情。

在灌木丛中，设计师还特别设置了两张木质休闲躺椅，非常私密，别有情调。

打造自然的休闲后花园

BACKYARD GARDEN

从泳池露台的甲板拾级而下，就来到后院的庭院。庭院有一块硕大的草坪几乎要延伸到沙滩。在草坪上，设计师设计了一个小木屋，放置主人冲浪的工具和服装，里面也有沙发、靠枕，可以在这里观海景，小木屋墙角种植了一组龙血树，让小木屋变得更加活泼。

后花园的篱笆用白千层枝条编制而成，田园风格凸显。

在后花园，设计师还设计了户外烧烤区、休闲区，而在灌木丛中，设计师还特别设置了两张木质休闲躺椅，非常私密，别有情调。后花园的篱笆是用一种白千层灌木枝桠编成的，形成了一道低矮的栅栏，很具田园特色。草坪与花园分隔处栽种了一组茶树，让周围草地和沙滩边界变得自然柔和了，而且这种植物也可抵抗强烈海风和盐分的侵蚀。

站在别墅的楼上，可以鸟瞰泳池、后花园以及茫茫大海。

图书在版编目（CIP）数据

花园时光（第1辑）／韬祺文化编. －北京：中国林业出版社，2012.9

ISBN 978-7-5038-6733-0

Ⅰ.①花… Ⅱ.①韬… Ⅲ.①观赏园艺 Ⅳ.①S68

中国版本图书馆CIP数据核字（2012）第206584号

封面图片：ABZ公司提供

策划编辑：何增明　印芳

责任编辑：印芳

出　　版：中国林业出版社（100009　北京西城区德内大街刘海胡同7号）

网　　址：www.cfph.com.cn

E-mail：cfphz@public.bta.net.cn

电　　话：（010）83227584

发　　行：新华书店北京发行所

制　　版：北京美光设计制版有限公司

印　　刷：北京卡乐富印刷有限公司

印　　张：7

字　　数：130千

版　　次：2012年9月第1版

印　　次：2012年9月第1次

开　　本：889mm × 1194mm　1/16

定　　价：39.00元